国家中职示范校信息类专业
优质核心专业课程系列教材
西安技师学院国家中职示范校建设成果

DUOMEITI ZUOPIN ZONGHE SHEJI

多媒体作品综合设计

◎ 主　编　王　楠
◎ 副主编　梁　栋
◎ 参　编　胡可森　王昕伟　丁明景
◎ 主　审　夏东盛

西安交通大学出版社
XI'AN JIAOTONG UNIVERSITY PRESS

内容简介

本书由两部分组成：多媒体作品基础设计与制作和多媒体作品综合设计与制作。第一部分由"《美丽陕西》电子相册设计与制作"、"《天籁之声》音乐点播台设计与制作"、"《创意影视》创意视频展播秀设计与制作"、"《赠汪伦》动画唐诗设计与制作"4个典型设计项目组成，体现了多媒体作品中图形图像、音频、视频和动画素材的处理和制作方法，侧重于多媒体作品制作软件的使用和多媒体作品设计方法的运用。这部分内容详细介绍项目任务的设计制作过程，重点讲解多媒体作品素材处理软件的操作方法和技巧、多媒体作品设计的基础知识和基本原理。第二部分由"唐诗《赠汪伦》电子课件设计与制作"和"《魅力西安》电子杂志设计与制作"2个综合设计项目组成，体现了多媒体作品的主要应用领域，侧重多媒体作品从设计到制作的完整性以及学生对作品的独创性。

图书在版编目（CIP）数据

多媒体作品综合设计/王楠主编. —西安：
西安交通大学出版社，2015.1（2022.1重印）
ISBN 978-7-5605-6974-1

Ⅰ.①多… Ⅱ.①王… Ⅲ.①多媒体技术—师范教育—教材 Ⅳ.①TP37
中国版本图书馆 CIP 数据核字（2014）第312675号

书　　名	多媒体作品综合设计
主　　编	王　楠
策划编辑	曹　昳
责任编辑	李　佳

出版发行	西安交通大学出版社
	（西安市兴庆南路1号　　邮政编码710048）
网　　址	http://www.xjtupress.com
电　　话	（029）82668357　82667874（发行中心）
	（029）82668315（总编办）
传　　真	（029）82668280
印　　刷	西安日报社印务中心
开　　本	880mm×1230mm　1/16　**印张** 13.5　　**字数** 274千字
版次印次	2015年1月第1版　　2022年1月第2次印刷
书　　号	ISBN 978-7-5605-6974-1
定　　价	31.00元

计算机多媒体技术是20世纪90年代计算机发展的又一场革命，多媒体技术及其产品在计算机产业中占据了相当重要的地位，多媒体的出现，也极大地拓宽了计算机的应用范围。"多媒体就在我们身边"——它普遍存在于我们的工作、学习和生活之中，它普遍存在于社会的方方面面。通过对多媒体作品的设计和制作，使学生了解和掌握多媒体作品制作软件的使用技巧，以及设计方面的技能，更好适应信息时代的要求，这正是我们写这本学材的目的所在。

多媒体编辑工具主要有：文字处理软件Microsoft Office Word，图形图像处理软件CorelDraw、Adobe Photoshop，动画制作软件Adobe Flash、3D Studio Max，音频编辑软件Adobe Audition和视频编辑软件会声会影VideoStudio Pro、Adobe Premiere、Adobe After Effects等。多媒体创作工具主要流行的有：Adobe Flash和Adobe Director。

多媒体作品综合设计是计算机应用与维修专业的专业能力课程，学习多媒体素材的采集和处理、常用多媒体素材处理软件和多媒体系统开发软件的使用。本学材编写的宗旨是使读者较全面、系统地了解多媒体作品制作方法，具备多媒体作品制作能力。

参加本书编写的作者是从事多年教学的教师和企业技术人员，具有较为丰富的教学经验和工作经验。在编写时注重原理与实践紧密结合，注重实用性和可操作性；案例的选取上注意从读者日常学习和工作的需要出发；文字叙述上深入浅出，通俗易懂。

第一部分，通过4个项目任务的实施，让学生对多媒体作品的制作流程、制作方法和技巧，进行基本的训练。第二部分，通过2个综合性的项目任务实施，让学生对多媒体作品交互性与艺术性、内容与形式等方面有一个全方位的感触，提高学生多媒体作品综合设计与制作的能力。

本教材由王楠主编，副主编梁栋，参加编写的有胡可森、王昕伟、丁明景（陕西灵境科技有限公司）等。夏东盛教授（陕西工业职业技术学院）对本书进行了全面审阅，并提出许多宝贵意见。

由于本教材的知识面较广，要将众多的知识很好地贯穿起来难度较大，不足之处在所难免。为便于以后教材的修订，恳请专家、教师及读者多提宝贵意见。

编者
2014年4月

C目 录
Contents

第一部分

多媒体作品基础设计与制作

项目任务1　《美丽陕西》电子相册设计与制作

相册在我们的生活中非常常见，每家都会有各类的相册。比如结婚的新人会有婚纱相册，如图1-1所示，满月的宝宝会有满月相册，如图1-2所示，年轻的女孩会有个人写真相册，如图1-3所示。

图1-1　婚纱相册

图1-2　满月相册

图1-3　个人写真

　　以上这些相册需要打印制作成电子相册，供我们欣赏。那么电子相册又是什么呢？

　　电子相册是指可以在电脑上观赏的区别于CD/VCD的静止图片的特殊文档，其内容不局限于摄影照片，也可以包括各种艺术创作图片。电子相册具有传统相册无法比拟的优越性：图、文、声、像并茂的表现手法，随意修改编辑的功能，快速的检索方式，永不褪色的恒久保存特性，以及廉价复制分发的优越手段等，如图1-4、图1-5所示。

图1-4　婚纱电子相册

图1-5　个人电子相册

制作电子相册首先要获得数字化的图片，即图片文件。用数字相机拍摄，可以直接得到数码照片。通过扫描仪得到图片文件。如果是游戏画面或VCD/DVD画面，可采用屏幕拷贝或功能更强的截屏软件获取图片。其次要对图片进行加工处理，使用专业级的软件Adobe Photoshop等，实现更加精美的相册制作。最后使用电子相册制作软件Adobe Director将处理后的图片制作成电子相册，就可以进行观看了。

任务描述 来了解一些任务吧！

你是一家传媒设计公司设计部的设计员，设计主管安排你设计一套介绍西安的电子相册，要求页数20页。封面、封底设计要体现出中国元素，内页要有简短说明文字和带有陕西特色的标识，色彩稳重大气，版式简洁。设计制作周期3天。

（模拟场景：豪迈传媒设计公司；人物：项目经理、设计组组长小东）

项目经理：小东，有一项介绍陕西的电子相册项目，你来负责，带着你们组的成员将本次项目按时高质完成。

小东：客户有什么基本要求？

项目经理：标题客户已经拟定了，是"美丽陕西"，围绕这个主题来介绍陕西美景，通过电子相册展示陕西各个旅游景点美景，吸引更多游者。设计的整体风格要使用中国元素符号，体现出中国文化及其韵味，内页要有简短的文字说明和带有陕西特色的标识，色彩稳重大气，版式简洁。

小东：做多少页，什么时候交稿？

项目经理：页数要求20页以上，三天之后刻成DVD交给客户。

小东：好的。麻烦您将客户的联系方式发给我，初稿完成后我先和客户联系，根据客户要求进行必要的修改。

项目经理：好的。你与客户联系后，把设计单填好交给我。

小东：好的。

小·提示

在项目制作之前，要明确客户的想法和意图，提出自己的专业意见，根据客户需求进行设计制作。制作完成之后，必须经过客户审核之后才能定稿。注意制作过程中应多和客户进行沟通，以满足客户合理需求为主。

在管理规范的设计公司，每一项设计都要填写设计单，交给业务部登记备案。设计单如下：

豪迈传媒设计公司设计单（样表）

下单日期：2012年12月22日　　　　　　　　　　　　编号：XAJSXY0001

产品型号：DZXC201201	产品名称：电子相册
设计主题："美丽陕西"	

设计要求：
　页数20页
　封面、封底设计要体现出中国元素
　内页要有简短说明文字和带有陕西特色的标识
　色彩稳重大气
　版式简洁

文件格式：□JPG　□CDR　□AI　□其他　<u>EXE</u>

完成时间：□半小时　□小时　□半天　□其他　<u>3天</u>

备注：
　刻成DVD

　　　　　　　　　　　　　　　　　　业务员：<u>小宇</u>　设计师：<u>小东</u>

通过前面的任务描述，我们对所要做的任务有了初步的认识，那具体该怎么做呢？

本次任务中，客户只提出了相关要求，但是并未给出内容大纲和相关素材，所以需要小东和他们小组的成员统一设计思路和制作方式，细节考虑的要周全。

请思考：要完成此任务你应该从哪方面着手？

1.确定设计内容：陕西，地理环境、自然风光上有其独特性，而且历代达十多个王朝在此建都，历史约两三千年，其灿烂的文化传说、人文景观、山河巨变，都是中国历史上的辉煌阶段。在此"美丽陕西"电子相册中你想体现陕西哪方面的美，写出你想表现的内容：＿＿＿＿＿＿＿＿＿＿＿＿＿＿＿＿＿＿＿＿＿＿＿＿＿＿＿＿＿＿＿＿＿

＿＿

＿＿

2.收集素材：图片素材获取渠道有哪些？需要哪些设备？

（请利用书籍和网络资源完成表1-1）

表1-1　素材获取渠道及其设备需求表

素材类型	素材内容	获取渠道	设备需求
图片	风光名胜、人文景观、＿＿＿＿、＿＿＿＿	网络、拍摄、扫描	计算机、数码相机、扫描仪
文字	标题字、＿＿＿＿、正文、＿＿＿＿	网络、书籍	＿＿＿＿＿＿＿＿
按钮	＿＿＿＿、＿＿＿＿、＿＿＿＿、＿＿＿＿	＿＿＿＿＿＿＿＿	＿＿＿＿＿＿＿＿
＿＿＿＿	＿＿＿＿、＿＿＿＿、＿＿＿＿	＿＿＿＿、＿＿＿＿	＿＿＿＿、＿＿＿＿

相关知识

（1）互联网信息资源，即指以数字化形式记录的，以多种媒体形式表达的，分布式存储在因特网不同主机上并通过计算机网络通信方式进行传递的信息资源的集合，是计算机技术、通信技术、多媒体技术相互融合而形成的，在因特网上可查找、利用到的资源。随着互联网的发展，网络信息不断爆炸式的扩张，网民怎么才能从这样海量的信息中找到他们所需要的信息呢？搜索引擎，这是目前为止，世界上最流行的一种准确获得信息的一种工具。如谷歌（Google）、百度（Baidu）、搜狗（Sogou）、雅虎（Yahoo）、搜搜（SOSO）等等。这些都是国内外非常著名的搜索引擎。他们都是通过网络机器人搜集网络信息，建立索引数据库，并且不断的更新，通过一定的相关性算法，对用户提供的请求作出响应，并按一定的次序输出高质量的信息。因特网信息资源的组织形式主要表现为：网页网站、搜索引擎、专业导航系统、虚拟图书馆等。

（2）数码相机应用基础

单反数码相机指的是单镜头反光数码相机，即Digital数码、Single单独、Lens镜头、Reflex反光的英文缩写DSLR。目前市面上常见的单反数码相机品牌有尼康、佳能、宾得、富士等。

光圈是数码相机的另一个极其重要的物理部件。数码相机毕竟还是相机，再好的镜头如果没有好的光圈也不会有理想的效果，这跟高级相机装上低级胶卷也不会照出好照片是一样的道理。

光圈的功能就如同我们人类眼睛的虹膜，是用来控制拍摄时，单位时间的进光量，一般以 f／5、F 5或1：5来标示。以实际而言，较小的 f 值表示较大的光圈。

光圈的计算单位我们称为光圈值（f-number）或者是级数（f-stop）。首先我们来谈谈光圈值。

标准的光圈值（f-number）的编号如下：

f/1、f/1.4、f/2、f/2.8、f/4、f/5.6、f/8、f/11、f/16、f/22、f/32、f/45、f/64

其中，f/1是进光量最大的光圈号数，光圈值的分母越大，进光量就越小。通常一般镜头会用到的光圈号数为f/2.8～f/22，光圈值越大的镜头，镜片的口径就越大，相对其制作成本和难度就越大。

图1-6　光圈调节对比

　　左边是大光圈、右边是小光圈，可以明显的看出两张图的景深明显不同

　　快门是镜头前阻挡光线进来的装置，一般而言快门的时间范围越大越好。秒数低适合拍运动中的物体，某款相机就强调快门最快能到1/16000秒，可轻松抓住急速移动的目标。不过当你要拍的是夜晚的车水马龙，快门时间就要拉长，常见照片中丝绢般的水流效果也要用慢速快门才能拍。

　　快门以「秒」作为单位，它有一定的数字格式，一般在相机上我们可以见到的快门单位有：

　　B、1、2、4、8、15、30、60、125、250、500、1000、2000、4000、8000

　　上面每一个数字单位都是分母，也就是说每一段快门分别是：1秒、1/2秒、1/4秒、1/8秒、1/15秒、1/30秒、1/60秒、1/125秒、1/250秒（以下依此列推）等等。一般中阶的单眼相机快门做到1/4000秒，高阶的专业相机则可以到1/8000秒。

　　B指的是慢快门Bulb，B快门的开关时间由操作者自行控制，我们可以藉由快门按钮或是快门线，来决定整个曝光的时间。

　　（3）扫描仪应用

图1-7　扫描仪

扫描仪 Scanner 是一种计算机外部仪器设备，通过捕获图像并将之转换成计算机可以显示、编辑、存储和输出的数字化输入设备。对照片、文本页面、图纸、美术图画、照相底片、菲林软片，甚至纺织品、标牌面板、印制板样品等三维对象都可作为扫描对象，提取并将原始的线条、图形、文字、照片、平面实物转换成可以编辑及加入文件中的装置。

分辨率是扫描仪最主要的技术指标，它表示扫描仪对图像细节上的表现能力，即决定了扫描仪所记录图像的细致度，其单位为PPI（Pixels Per Inch)。通常用每英寸长度上扫描图像所含有像素点的个数来表示。目前大多数扫描的分辨率在300～2400 PPI之间。PPI数值越大，扫描的分辨率越高，扫描图像的品质越高，但这是有限度的。当分辨率大于某一特定值时，只会使图像文件增大而不易处理，并不能对图像质量产生显著的改善。对于丝网印刷应用而言，扫描到600 PPI就已经足够了。

3.编辑处理素材：经过一番努力，你一定收集到不少素材，可是这些素材不能直接使用到电子相册里面，我们还需要对它进行加工处理。那常见的图形图像处理软件类型、特点有哪些呢？

（请利用书籍和网络资源将表1-2填写完整并以正确的顺序链接起来）：

表1-2 软件类型功能表

软件名称	类型	功能特点
Photoshop	图形处理软件	能处理矢量图形，又能处理位图图像
Coreldraw		能够画出纯线条的美术作品和光滑的工艺图，使用Postscript对线条、形状和填充插图进行定义
Illustrator	跨平台专业排版软件	具有强大的图像效果处理功能
Pagemaker	图像处理软件	使用简单，可以在很短的时间内，制作出专业的图像效果
Painter	平面矢量绘图软件	模仿现实的工具和自然媒体进行创造性的工作，是图像编辑与矢量制作的结合体
Freehand		能从设计、构图、草稿、绘制、渲染的全部过程完成一幅作品
Photoimpact	图形绘图软件	拥有强大的图文处理功能，使用Postscript页面描述语言，可作为桌面印刷的排版软件

4.合成发布：电子相册的页面制作完成后，需要通过专业软件制作成电子相册文件，目前使用比流行的是Adobe Director。经过精心设计，我们的作品就要完成了，现在遇到了一个新问题。在前面的设计单中文件格式要求是"exe"，那么这个文件格式有什么特性呢？

（请利用书籍和网络资源完成表1-3）

表1-3　文件格式对照表

文件格式	特点描述	应用范围
JPEG		
GIF		
BMP		
TIFF		
PSD	Photoshop的固有格式。能支持全部图像色彩模式的格式	
CDR	Coreldraw的固有格式，矢量图形	
AI	Adobe Illustrator的固有格式、矢量图形	
EXE		

任务实施

1.内容脚本确定

本项目是制作《美丽陕西》电子相册，首先考虑的是关于陕西哪方面的内容，确定内容后可着手设计制作。三秦大地的每一寸土壤都饱含历史的厚重内涵，以文明见证者的姿态哺育了一代又一代华夏子孙，可供游玩的地方很多，那么要通过哪些方面展示陕西美丽之处呢？

请参考"任务分析"阶段内容，写出设计脚本，确定使用的设备、软件及素材来源和设计内容脚本，并做好制作计划：

如何在作品中展示陕西的美，请确定好着手方面：_____

围绕这个方向，你需要哪些素材：_____

如何获得这些素材，需要哪些设备：_____

如何处理这些素材，需要哪些软件：_____

训练提高

请结合上文所述，确定制作的内容脚本（如表1-4所示）：

表1-4　内容脚本制定规划表

封面、封底设计：

1.封面采用兵马俑为主图像，配合具有中国元素的花纹和陕西地域特点的风景图片，合成一张背景图，再加上文字和操作按钮，颜色为暖色调。
2.封底将陕西非常著名的几处名胜图片，采用对比和重复的形式编排，配以文字，颜色为暖色调。

内页设计：
内页整体风格统一，色调为暖色。第一页为陕西简介，主要以文字为主；其他页面按陕西的地形特点分为三大部分，分别为陕北黄土高原、关中八百里秦川、陕南秦巴山地，每部分有10~14个页面，展示个地区的风土人情。

合成制作：
制作电子相册，效果主要为翻页。

发布测试：
成品发布成可执行文件，播放测试，如果有问题，再进行调试。

2.根据需要收集素材

（1）在有网络的教学环境中，教师组织学生，通过互联网，收集相关资料下载备用。

（2）利用数码相机和扫描仪获取网络以外的素材。

（3）完成素材统计表如下：

表1-5　素材统计表

素材类型	素材名称	数量	获取方式	文件格式

续表

3.根据脚本设计编辑处理素材

3.1电子相册封面制作

图1-8　封面效果图例

制作的主题是"美丽陕西"，所以在电子相册封面设计时，要重点考虑能够加入代表陕西的图像元素，所以采用兵马俑图像来承担这个重任。

制作参考步骤如下：

步骤1：新建文件

知识链接

Photoshop的基础操作的学习，可登录西安技师学院远程教育平台，下载以下课件学习《Photoshop视频教程》、《Photoshop案例教程》（来源于互联网）。

电子相册做好后要刻成DVD，由于DVD的分辨率是 720像素×576像素，而一张数码图片的长宽比通常是4:3，所以确定电子相册的大小为800像素×600像素，分辨率为300像素每英寸，颜色模式为RGB。在Photoshop CS4中选择菜单"文件"—"新建"命令，新建名称为"封面"的文档，各项参数如图1-9所示。

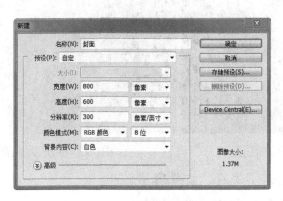

图1-9　新建文件参数

相关知识

图形/像素材：图形图像是多媒体制作中最常用的素材，包括矢量图和位图两种。

①位图，又称光栅图、点阵图、像素图，由称作像素的单个点组成，可以表达出色彩丰富、过度自然的效果。

位图原始图像效果如图1-10所示，图1-11展示的是放大显示后看到的效果，可以看到很明显的像素块。

图1-10　原始图像　　　　　　　　图1-11　树枝放大显示后的图像

优点——色彩变化丰富，表现力强。

缺点——缩放和旋转易失真，文件容量较大。

②矢量图：又称面向对象图像或绘图图像，是一种以数学公式来定义线条和形状的文件，这种文件适合于保存色块、形状感明显的视觉图形。

矢量图原始图形效果如图1-12所示，放大显示后看到的效果如图1-13所示。

图1-12原始图像　　　　　　　　图1-13花边放大后的效果

优点——缩放和旋转不失真，文件容量较小

缺点——不易制作色彩变化太多的图像

③动画素材：在许多领域中，利用计算机动画来表现事物的效果更好。它包括二维动画和三维动画两种。

④声音素材：声音通常有语音、音效和音乐等三种类型。语音指人们讲话的声音；音效指声音特殊效果，如雨声、铃声、机器声、动物叫声等等，它可以是从自然界中录音的，也可以采用特殊方法人工模拟制作；音乐则是一种最常见的声音形式。

⑤视频素材：将一系列的静态图像以电信号方式加以捕捉、纪录、处理、存储、传送与重现的各种技术，形成数字化的活动图像。

（1）PS颜色模式

对于图像而言，颜色模式的重要性不亚于图像的分辨率。不同的颜色模式有不同的用途，例如，RGB颜色模式适用于屏幕显示的图像，CMYK颜色模式的图像适用于印刷。一个优秀的图形图像工作者应了解不同的颜色模式的特点及应用领域。

常用的色彩模式有：RGB颜色模式、CMYK颜色模式、Lab 颜色模式、位图模式、灰度模式、双色调模式、索引模式、多通道模式等。

思考：为何分辨率设置为300像素／英寸？

分辨率，是指单位长度内包含的像素点的数量，决定了位图图像细节的精细程度。通常情况下，图像的分辨率越高，所包含的像素就越多，图像就越清晰，印刷的质量也就越好。同时，它也会增加文件占用的存储空间。

要确定图像的分辨率，首先考虑图像的最终用途，根据不同的用途设置不同的分辨率：用于打印、输出，图像分辨率需满足打印机或输出设备的要求；用于网络，图像分辨率需满足显示器的分辨率72ppi；用于印刷图像分辨率不得低于300ppi。

本次设计是电子相册，分辨率是72像素/英寸，但是为了在制作的过程中打印样图便于客户查看，所以我们使用了高分辨率300像素/英寸。

步骤2：制作背景

选择背景图层，在工具箱中单击前景色色块，在弹出的"拾色器"对话框中，将前景色设置为棕色，R105，G64，B87；在工具箱中单击背景色色块，在弹出的"拾色器"对话框中，将背景色设置为浅棕色，R250，G236，B132。选择线性渐变填充工具，打开渐变编辑器，设置渐变类型为"前景色到背景色渐变"。在色条下方的50%处双击，会出现一个色标，选择该色标，用吸管吸取背景色使该色标颜色与背景色相同，如图1-14所示。用同样的方法将色条100%处的色标颜色更改为前景色颜色，如图1-15所示，点击确定，回到背景图层。在背景图层上按Shift键从上到下拉直线进行填充，效果如图1-16所示。

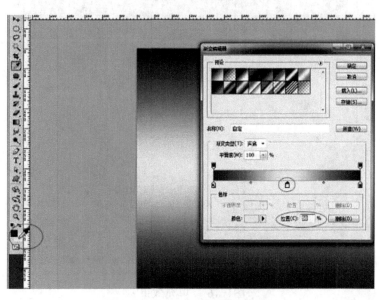

图1-14　50%处色标颜色的选择

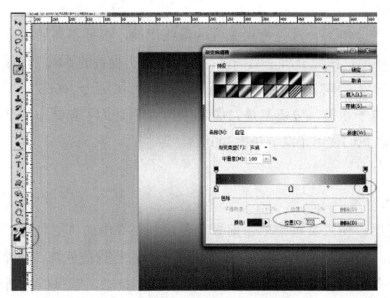

图1-15　100%处色标颜色的选择

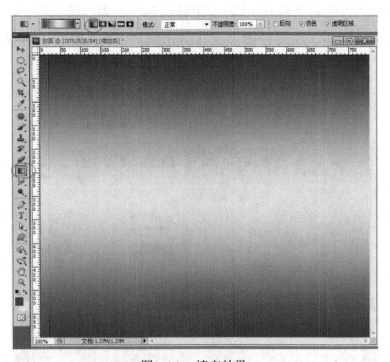

图1-16　填充效果

步骤3：为封面背景添加具有中国特色的古典花纹作为修饰。

打开本章练习素材，在"封面"素材文件夹中选择"背景花纹.jpg"图像，用移动工具移至"封面"文件中，如图1-17所示。调整图像到合适大小，并更该图层名称为"背景花纹"，更改图层混合模式为柔光，效果如图1-18所示。

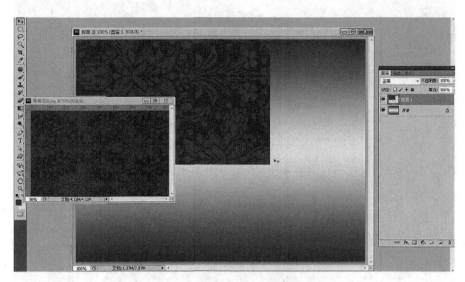

图1-17 "背景花纹"图层的移动

图1-18 "背景花纹"图层混合模式更改后的效果

　　步骤4：确定封面图像的位置。

　　选择"视图"菜单，在下拉菜单中选择"标尺"（快捷键Ctrl+R），文件的窗口中将出现横向和竖向标尺。在横向标尺上按住鼠标左键不放，向下拖动出一条横向参考线，在50像素高度处松开；再用同样的方法拖动出一条横向参考线，在500像素高度处松开，这样就可以确定封面图像插入的位置了。如图1-19所示。

图1-19   标尺位置显示

操作技巧——利用窗口中的横向和竖向标尺可以非常快捷的得到横向或纵向参考线，用之定位图像的位置。

步骤5：为了使封面更具陕西特色，采用了兵马俑作为封面主要图像。

打开本章练习素材，在"封面"素材文件夹中选择"兵马俑.jpg"，用移动工具将该图片移动到"封面"文件中，将图层名称更改为"兵马俑"。将兵马俑.jpg图像调整成合适大小，并移动至适当位置，如图1-20所示。

图1-20   "兵马俑"图片的位置

选中"兵马俑"图层，用矩形选框工具选中参考线之外的图像部分，按Delete键删除。如图1-21、图1-22所示。

图1-21　选择图片多余部

图1-22　删除图片多余部分

由于兵马俑图层和背景图层颜色相差较大，所以需要对其进行色彩的处理。调整兵马俑图层混合模式为"柔光"，效果如图1-23所示。

图1-23　"兵马俑"图层混合模式更改后的效果

步骤6：插入花纹图像进行修饰。

打开本章练习素材，在"封面"素材文件夹中选择"花纹.jpg"，用移动工具将该图片移动到"封面"文件中，将图层名称更改为"花纹"。将花纹.jpg图像调整成合适大小，并旋转15°，移动至适当位置，如图1-24,1-25所示。更改花纹图层混合模式为"正片叠底"，效果如图1-26所示。

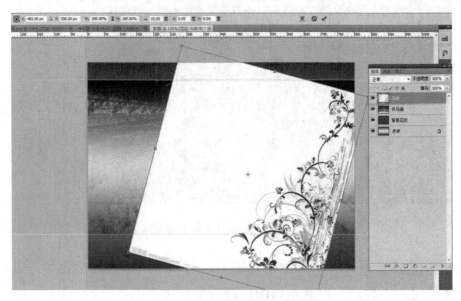

图1-24　"花纹"图层的旋转效果

图1-25　　"花纹"图层的位置

图1-26　　更改"花纹"图层混合模式后的效果

步骤7：设计简约风文字标识。

将文字分开输入便于我们处理它们之间的位置关系。

选择文字 T. 工具，文字图层1输入字母B，字体为
"Bauhaus 93"，字号28；文字图层2输入S，字体为
"Bauhaus 93"，字号28；文字图层3输入"eautiful"，字
体为"Bauhaus 93"，字号9；文字图层4输入"pace"，

图1-27　　文字标识效果

字体为"Bauhaus 93"，字号28；文字图层5输入"美丽"二字，字体为"Adobe 黑体
Std"，字号13；文字图层6输入"陕西"二字，字体为"Adobe 黑体 Std"，字号13。字

体颜色统一使用#6e4607。文字输入完成后，按照样图处理好文字图层的位置，如图1-27所示。

为了使文字更美观，为其加上一些小修饰物件。PS中自定义形状工具可以绘制很多物件。选择自定义形状工具，在属性栏中点击形状属性右边的倒三角，出现如图1-28所示窗口，里面找不出我们需要的形状。点击窗口最右边的三角，在出现的菜单中选择"全部"，导入所有PS中自带的形状，如图1-29所示。选择小鸟和蝴蝶形状进行绘制，颜色设置为#6e4607。绘制完成后，将小鸟和蝴蝶图层合并，更改图层名称为"修饰"，移动到如图1-30所示位置中。为了使图像更具层次感，按住Ctrl键点击"修饰"层的图层缩略图，载入如图1-31所示的选区，将前景色设置为#6e4607，新建图层命名为"修饰描边"，使用前景色描边该选区，得到效果图如1-32所示。

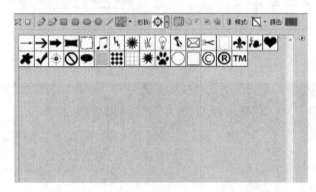

图1-28　自定义形状工具"形状"窗口

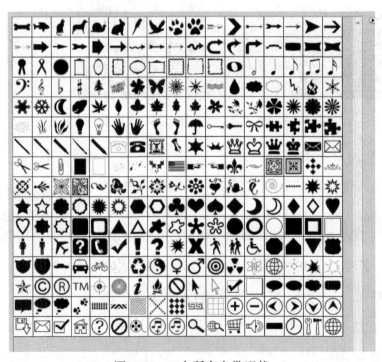

图1-29　PS中所有自带形状

图1-30　修饰图层与文字图层的位置

图1-31　载入修饰物体选区

图1-32　描边修饰物体选区

调整所有已经设计好的文字图层和"修饰描边"图层的位置，合并这些图层，得到如图1-33所示效果图，文字标识设计完成。

图1-33　文字标识最终效果

操作技巧：盖印可见图层（CTRL+SHIFT+ALT+E）——把所有可见图层盖印并复制，保留原有图层。

训练提高

请结合上面所示参考步骤方法，依照你的设计脚本和素材，自己设计制作电子相册封面，并展示所做作品。

自己进行设计，一定有很多体会，请你回答以下问题：

1．设计过程中主要运用了Photoshop CS4软件的哪些功能？

_____

_____

_____

2. 你认为自己的优点在哪里？体现在哪里？

_____

_____

3. 你认为自己的不足在哪里？如何解决呢？

_____

_____

3.2电子相册封底制作参考步骤

图1-34　电子相册封底效果图

步骤提示：

（1）按钮制作

封底上的按钮可参考封面设计中第7步"文字标识"设计中修饰物的制作过程，利用"自定义形状"工具进行制作。

（2）封底上的文字标识设计

将封面文件中设计好的"文字标识"图层复制到封底文件中，利用图层样式对其进行描边操作，参数设置如图1-35所示，得到效果如图1-36所示。

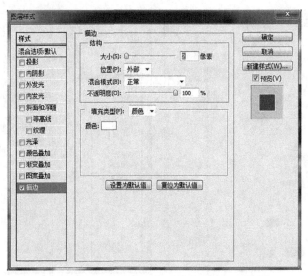

图1-35 "文字标识"图层样式参数

图1-36 封底的"文字标识"最终效果

（3）相框设计

绘制如图1-37所示的矩形框，填充颜色为#6e4607。打开图层样式对话框，设置参数如图1-38和1-39所示，得到效果如图1-40所示。

图1-37 矩形框

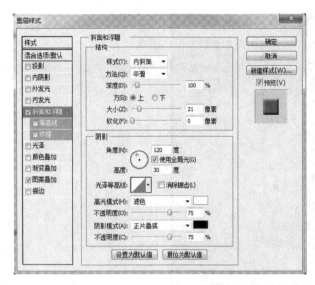

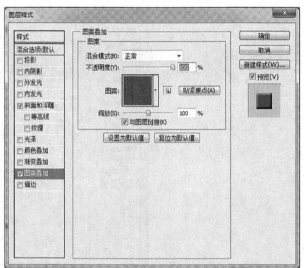

图1-38　"斜面和浮雕"样式参数　　　　　图1-39　"图案叠加"样式参数

图1-40　相框最终效果

（4）为相框中添加图片

打开本章练习素材，导入"封底"素材文件夹中的"华山"图片，缩放至合适大小，如图1-41所示。选择"相框"图层，利用魔术棒工具在相框中间空白处单击，导入如图1-42所示的选区。选中"华山"图层，点击图层面板中的"添加图层蒙版"按钮，为"华山"图层添加图层蒙版，将"华山"放到相框中，效果如图1-43所示。

图1-41　"华山"图层大小

图1-42　选区效果显示

图1-43　"华山"图片最终显示效果

电子相册的封面设计制作完成了，请你参照以上方法，根据效果图自己设计制作电子相册封底，同时请你将设计制作过程记录下来。

电子相册封底参考效果图

主要步骤：_____

_____

_____

_____

_____

_____

3.3 电子相册内页制作

封面和封底你已经设计制作完成了，你对软件使用应该熟练很多了吧！下面该设计电子相册的内页了，方法如同封面和封底一样，请你参考效果图和步骤提示，自己来完成它吧！

设计制作的页面越来越多了，你需要按脚本设计的内容，分别保存。

请你将设计制作过程记录下来。

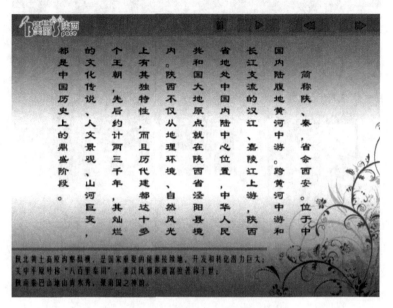

图1-44　陕西简介效果图

图1-45　关中主页效果图

图1-46　陕北主页效果图

图1-47　陕南主页效果图

操作提示：

（1）相册内页的设计主要是相框图层和文字图层位置的更改，具体操作方法请参考前面封面和封底设计的操作过程。

（2）关中主页设计。

背景和相框设计可参考封面封底设计的操作过程，这里讲解"兵马俑"图层色彩的调整。打开本章练习素材选择"关中主页"素材文件夹中的"兵马俑1.jpg"，利用添加"图层蒙版"的操作将图片放到页面左边的相框中，如图1-48所示。

图1-48　"兵马俑1"图层效果

选中"兵马俑1"图层，点击图层面板上的"创建新的填充或调整层—色相/饱和度"命令，调出调整对话框，设置参数如图1-49所示。选中"色相/饱和度"调整层，右击，点选"创建剪切蒙版"，查看效果如图1-50所示，使整个图片看起来更加古朴。

图1-49　"色相/饱和度"参数设置

图1-50 调整后的"兵马俑1"图层效果

主要步骤：_____

_____

_____

_____

_____

_____

_____

_____

_____

_____

_____

_____

_____

_____

_____

_____

3.4电子相册合成制作

知识链接

　　Director的基础操作的学习，可登录西安技师学院远程教育平台，下载以下课件学习《Director视频教程》、《Director案例教程》（来源于互联网）。

　　有了电子相册页面素材，现在你的任务就是当一个导演，把一些角色进行组织、编排。事实上，用Director制作出的电子相册非常精致、美观，具有永久的保存价值。

　　（1）素材准备

　　运用你所学的Photoshop知识将设计的页面中各个元素拆分为独立元素，并将每一个元素保存为PNG格式。如"关中八百里秦川主页"，应该拆分为PNG图片：背景、文字、标志、展示图片（3张）、相框、播放按钮、暂停按钮、下一页按钮、上一页按钮。详细素材拆分分类请参考光盘"第一章\实例\素材"文件夹。

　　提示：我们制作的电子相册用于电脑播放，所以在合成前，需要将所有设计的页面分辨率转换为72，这样在播放的时候，可以节省系统资源。

　　扩展：拆分图片的时候，部分素材在不同的元素中是同时存在的，考虑一下哪些是公共素材，这部分素材不用在每个文件中全部拆分。

　　（2）编辑环境设置

　　启动Director，选择舞台窗口，然后打开属性面板，打开Movie选项卡，将舞台大小设置为800×600，背景色设置为黑色，如图1-51所示。

图1-51　编辑环境设置

（3）导入素材

我们在电脑里面存放文件的时候，如果文件很多，需要根据文件类别建立不同的文件夹存放，这样方便我们检索文件。在Director的制作中，也需要我们对素材进行分类管理。不同的是，在Director中，用CAST表来分类管理不通类别的素材。

选择演员表窗口，点击左上角按钮，弹出下拉菜单，选择New Cast选项，如图1-52所示。

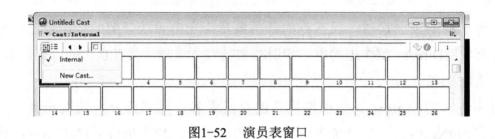

图1-52　演员表窗口

在弹出的窗口中，输入"封面"，点击"Create"按钮。

依照以上步骤，分别建立封底、关中八百里秦川、陕北黄土高原等不同类别的CAST表。

新建的CAST以选项卡的方式存在于演员表窗口中，选择不同的选项卡，可以切换当前演员表。

切换至"封面"选项卡，按Ctrl+R快捷键，弹出导入素材窗口。在该窗口中，选择准备好的PNG格式的素材文件，按住Ctrl键可以复选。选择完成后，点击"Import"按钮。弹出导入素材选项窗口，如图1-53所示。选中Same Settings for Remaining Images复选框点击"OK"按钮，导入素材。

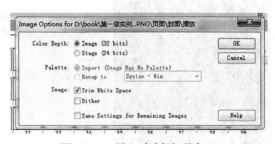

图1-53　导入素材选项窗口

依照以上步骤，导入其他素材。

（4）在剪辑室中编辑

打开演员表窗口和剪辑室窗口，从演员表中将演员"封面底图"和"开始"拖放至剪辑室的第1帧至第10帧，"封面底图"占用通道1，"开始"占用通道2。拖动精灵的开头和结尾可以改变精灵所占的帧数。拖动精灵的中间位置上下移动，可以改变精灵所占的通道。

打开舞台窗口，拖动"开始"精灵，将其摆放在合适的位置。也可以在舞台或剪辑室中选择相关内容，然后打开属性面板，通过坐标位设定其精确位置。

依照以上步骤，依次在剪辑室中排列"简介"、"八百里秦川"等其他内容，排列好的剪辑室如图1-54所示。

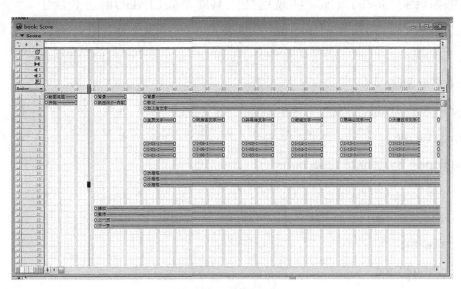

图1-54　剪辑室窗口

可以看到，电子相册的每一页占用10帧，每页之间有5帧的间隔，占用帧数和间隔帧数不是固定的，可以根据自己的编辑习惯设定。

（5）设定页面标记

看书的时候，书中每一页都会在左下角和右下角标记当前是第几页。方便我们查找特定的页数。同理，我们也需要在剪辑室内为每一页的内容标准页面标识，方便程序查找、跳转到相应的页数。

选择每页的起始帧，点击剪辑室最上面空白栏，该栏中出现一个三角，并显示文字"New Marker"，将位置改为需要的页面标识，如"PAGE-1"。如果误操作，在错误位置添加了标记，可以拖住标记的三角形标识，向下拖动，即可删除标识。添加完标记的剪辑室窗口如图1-55所示。

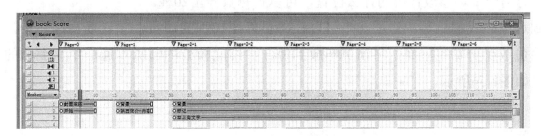

图1-55　添加完标注的剪辑室窗口

（6）添加帧脚本代码

以上步骤已经完成了电子相册的基本步骤，将播放头定位到第一帧，打开舞台窗口，点击工具栏中的播放按钮，此时你应该看到了电子相册的内容快速的按顺序播放，但这并不是我们需要的，我们需要在每一页有固定时间的停留，点击"上一页"和"下一页"按钮能够跳转到相应的页面。实现这些工具就需要LINGO语言登场了。

打开演员表窗口，切换至"Internal"演员表。按"Ctrl+0"组合键，弹出脚本编辑窗口。输入以下代码：

```
global G_PlayState
property P_StartTime
on beginsprite me
 P_StartTime=_system.milliseconds
end


on exitFrame me
 if G_PlayState then
  P_Time=(_system.milliseconds-P_StartTime)/1000
  if P_Time>10 then
   _movie.goNext()
  end if
 end if
 go to the frame
end
```

关闭角标编辑窗口，此时在演员表中多了一个脚本演员，选中演员，将演员命名为"LOOP"，同时打开属性面板，选择"SCRIT"选项卡，在TYPE下拉列表中选择"Behavior"。

此段代码实现在每页停留10秒后跳转到下一页。LINGO代码和英文语法相近，容易读懂，思考一下，修改代码的什么位置，可以在每页停留20秒。

到这里，我们只是制作了一个可以让每页停留10秒的演员，想让演员起作用，还需要将演员放到剪辑室里面，将演员拖放到每一页结尾帧处的帧脚本通道中，完成的剪辑室窗口如图1-56所示。

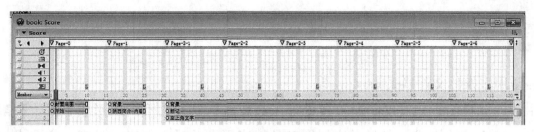

图1-56 完成的剪辑室窗口

再次将播放头定位在第一帧，播放影片，看到和之前的不通了吗？

3.5电子相册发布

如果想要脱离Director系统进行播放也可以，Director有这样的功能，我们可以把电子相册制作成可执行文件，可以随意在Windows3.X或Win95系统中播放(注意：窗口Options设置中Create for一定要选Windows3.1)。要注意的是，制作成可执行文件后你的电子相册的内容就不能修改了。把Director文件变成EXE文件称为"打包"——Create Projector。在File菜单下的Create Projector窗口中,设定其中要"打包"文件的路径、文件名，然后按"Create"按钮即可。

怎么样，很简单吧！

知识总结

1.自我总结

本次任务中你学到了什么知识和技能：_____

_____

你最拿手的是哪方面的技能：_____

哪些技能是需要继续练习提高的：_____

2.本课内容总结

本课主要通过"美丽陕西"电子相册制作过程的学习，让学生掌握多媒体设计制作中Photoshop软件的使用方法和使用技能，学会利用Photoshop处理图片、制作文字效果和制作按钮，并能够掌握Director软件的基本操作。

训练提高

你的家乡美吗？请以美丽家乡为题，做一个电子相册，简单介绍自己的家乡，并展示给大家欣赏。

1. 常用多媒体文件格式

由于计算机的不同发展阶段以及处理工具或编辑软件的不同，形成了同一种素材的文件有多种不同的格式，在多媒体创作工具的应用中，对文件格式是有一定要求的，了解多媒体素材的文件格式对于多媒体课件的创作是十分必要的，必要时还要掌握一些文件格式转换工具的使用方法。

附表1-常用多媒体文件扩展名

类型	扩展名	说明
文字	txt	纯文本文件
	rtf	Rich text format格式，多文本格式
	wri	写字板文件
	doc	Word文件
	wps	WPS文件
声音	wav	Windows波形声音文件
	mid	乐器数字接口的音乐文件，midi文件格式
	mp3	MPEG Audio Layer 3声音文件
	wma	Windows Media Audio的一种压缩音频文件
	vpf	最新的NTT开发的声音文件，比MP3的压缩比还高
图形图像	bmp	Windows位图文件
	psd	Photoshop专用的位图格式
	jpg	JPEG压缩的位图文件
	gif	图形交换格式文件
	tif	标记图像格式文件
	eps	Post script图像文件

续表

类型	扩展名	说明
视频	wmv	微软推出的一种流媒体格式
	avi	Windows视频文件
	mpg	MPEG视频文件
	dat	VCD中的视频文件
	rmvb（rm，ra，am）	Real Audio和Real Video的流媒体文件
	asf	高级系统格式，Windows Media使用的文件格式
	mov	MOV即QuickTime影片格式，它是Apple公司开发的一种音频、视频文件格式，用于存储常用数字媒体类型
	flv	Flash Video，Flash视频，在网页中播放
动画	gif	图形交换格式文件
	flc（fli）	FLC和FLI动画同属于AutoDesk的Animartor文件，2D、3D动画制作软件中采用的动画文件格式
	swf	Flash动画文件

项目任务2 《天籁之声》音乐点播台设计与制作

我们登录某个音乐网站打开网页，可以播放自己喜欢的歌曲和音乐，在闲暇的时候听听音乐放松一下。目前网络上的音乐网站非常多，我们列举两个欣赏一下。如一听音乐网http://www.1ting.com ，如图2-1所示，百度音乐http://music.baidu.com ，如图2-2所示。

图2-1　一听音乐网

图2-2　百度音乐

看了前面的网页，你一定也想有自己的音乐主题网页，那该怎么做呢？

任务描述

秦奋是个音乐发烧友，他想在个人网站增加一个音乐点播模块，但他对音频处理不太擅长，请你帮助他处理一些音乐素材。要求你录制、下载音乐素材，并进行剪辑、压缩，在Dream weaver平台可以进行点播。制作周期3天。

（模拟场景：豪迈传媒设计公司；人物：前台接待小雨、秦奋、设计主管小东）

这天豪迈传媒设计公司来一位客户，他走到公司大厅……

小雨：您好！请问，有什么需要帮助的吗？

秦奋：你好！我想在我的网站上做一块音乐的内容，你们公司能做吗？

小雨：哦，是做关于音乐的网页是吗？

秦奋：恩，是的。

小雨：没问题，我公司的主要业务之一就是网站开发和网页设计，您这个属于网页设计。这样我把公司的设计主管小东介绍给您，具体的要求，您跟他沟通，您看这样行吗？

秦奋：哦，好的，谢谢您了！

小东：您好！我是小东，我能为您做什么吗？

秦奋：您好！我想在我的个人网站增加能播放音乐的网页，请你们帮忙。

小东：这个没问题。您有个人网站，那网页设计您一定熟悉啦？

秦奋：是的，我就是对音频处理不在行。

小东：那我们需要先了解一些情况：第一 你的网站是什么风格？我们在设计的时候好与你的网站风格相呼应；第二 你喜欢什么类型的音乐或者音效呢？第三音乐需要做哪些特殊处理？

秦奋：哦，我也是自己才做网站，所以也谈不上什么风格，我比较喜欢现代简约的风格，最好能酷一点。音乐嘛，古典、摇滚、民族、流行的都喜欢。我需要一些去掉原声的伴奏可以处理吗？

小东：嗯，您的想法和要求我都记下了，也了解了，我们会考虑的。还有个问题，你个人有什么忌讳吗?比如不喜欢的颜色。

秦奋：没什么忌讳的，你们大胆的设计吧。

小东：好的，那我们最后确定一下设计时间吧。您需要我们什么时候交稿呢？

秦奋：我无所谓啊，什么时候都行的。

小东：是这样，我们公司核算收费标准有一项是设计用时间，时间越久费用越高，您的这个项目我建议3天。因为这是我们公司最短的计费周期，费用最少，而且我们也能保证完成，您看行吗？

秦奋：可以啊，谢谢您能为我考虑。

小提示:

进行行之有效的提问是完成一个任务的关键环节之一，所有问题都指向一个共同

点，收集有关客户现状的事实、信息及其背景数据；提出客户关心的问题，引导客户思考；层层递进式提问，加强客户信任；利用诊断性提问，聚焦客户急需解决的问题；假想解决型提问，探求并推销解决方案。

 小提示

在项目制作之前，要明确客户的想法和意图，提出自己的专业意见，根据客户需求进行设计制作。制作完成之后，必须经过客户审核之后才能定稿。注意制作过程中应多和客户进行沟通，以满足客户合理需求为主。

请依照项目一中的设计单填写方式，将下面的设计单补全。

豪迈传媒设计公司设计单（样表）

下单日期：20　年　月　日　　　　　　　　编号：XAJSXY0002

产品型号：	产品名称：音乐网页

设计主题："天籁之声"

设计要求：

文件格式：□JPG　□CDR　□AI　□其他 <u>html</u>

完成时间：□半小时　□小时　□半天　□其他 <u>　3天　</u>

备注：
刻成DVD

业务员：<u>　小宇　</u>　设计师：<u>　小东　</u>

任务分析

通过前面的任务描述，我们对所要做的任务有了初步的认识，那具体该怎么做呢？

本次任务中，客户提出了相关要求，也给出大致的范围，小东和他们小组的成员需要快速的制定一套实施方案，并在指定时间内完成。

请思考：要完成此任务你应该从哪方面着手？

（请利用书籍和网络资源完成以下问题）

1.音频设计制作软件有哪些？

_____

_____

_____

2.网页设计的基本流程都有那些呢？

_____

_____

_____

3.音频的文件格式都有哪些呢？

_____

_____

_____

4.根据任务描述，请你完成表2-1，将表格中空白处补全，未标明曲名和歌手的，由学生自己确定。

表2-1　音频信息表

音乐类型	曲名	作者/歌手	发行时间	发行公司
民族	《走西口》	谭晶	2009年	同名电视剧主题曲
	《茉莉花》	宋祖英		
		蒋大为		
		李谷一		
流行	《我只在乎你》	邓丽君	1987年	PolyGram
	《致青春》	王菲		
	《改变自己》	王力宏		
摇滚	《光辉岁月	Beyond	1991年	宝丽金
		崔健		
	《梦回唐朝》			
		汪峰		

续表

爵士	They Say It'S Spring （他们说这是春天）	Blossom Dearie 布劳森·黛瑞	2008年	环球唱片
	What A Difference A Day Made	范晓萱	2012年	
民谣	《传奇》	李健 高晓松	2003年	乐扑盛世
	《中学时代》	水木年华		

5.**收集素材**：音频素材获取渠道有哪些？需要哪些设备？

_____

_____

_____

相 关 知 识

1.什么是音频？

音频是专业术语。人类能够听到的所有声音都称之为音频，它可能包括噪音等。声音被录制下来以后，无论是说话声、歌声、乐器都可以通过数字音乐软件处理，或是把它制作成CD，这时候所有的声音没有改变，因为CD本来就是音频文件的一种类型。而音频只是储存在计算机里的声音。如果有计算机再加上相应的音频卡——就是我们经常说的声卡，我们可以把所有的声音录制下来，声音的声学特性如音的高低等都可以用计算机硬盘文件的方式储存下来。反过来，我们也可以把储存下来的音频文件用一定的音频程序播放，还原以前录下的声音。

2.音频处理

（1）音频媒体的数字化处理

随着计算机技术的发展，特别是海量存储设备和大容量内存在PC机上的实现，对音频媒体进行数字化处理便成为可能。数字化处理的核心是对音频信息的采样，通过对采集到的样本进行加工，达成各种效果，这是音频媒体数字化处理的基本含义。

（2）音频媒体的基本处理

基本的音频数字化处理包括以下几种：

不同采样率、频率、通道数之间的变换和转换。其中变换只是简单地将其视为另一种格式，而转换通过重采样来进行，其中还可以根据需要采用插值算法以补偿失真。

针对音频数据本身进行的各种变换，如淡入、淡出、音量调节等。

通过数字滤波算法进行的变换，如高通、低通滤波器。

3.网站与网页的区别

网站是有独立域名、独立存放空间的内容集合，这些内容可能是网页，也可能是程序或其他文件，不一定要有很多网页，主要有独立域名和空间，那怕只有一个页面也叫网站。因特网起源于美国国防部高级研究计划管理局建立的阿帕网。网站(Website)开始是指在因特网上，根据一定的规则，使用HTML（标准通用标记语言下的一个应用）等工具制作的用于展示特定内容的相关网页的集合。简单地说，网站是一种通信工具，人们可以通过网站来发布自己想要公开的资讯，或者利用网站来提供相关的网络服务。人们可以通过网页浏览器来访问网站，获取自己需要的资讯或者享受网络服务。衡量一个网站的性能通常从网站空间大小、网站位置、网站连接速度（俗称"网速"）、网站软件配置、网站提供服务等几方面考虑，最直接的衡量标准是这个网站的真实流量。

网页是构成网站的基本元素，是承载各种网站应用的平台。通俗地说，您的网站就是由网页组成的，如果您只有域名和虚拟主机而没有制作任何网页的话，您的客户仍旧无法访问您的网站。

网页是一个文件，它存放在世界某个角落的某一部计算机中，而这部计算机必须是与互联网相连的。网页经由网址（URL）来识别与存取，是万维网中的一"页"，是超文本标记语言格式（标准通用标记语言的一个应用，文件扩展名为.html、htm、asp、aspx、php、jsp等）。网页通常用图像档来提供图画。网页要通过网页浏览器来阅读。

多媒体作品综合设计

任务实施

1.确定设计方案

本项目是制作《天籁之声》音乐网页，因为没有明确设计风格和具体内容，需要学生自己确定，并按照网页设计的步骤，实施设计制作任务。

第一，我们要确定网页设计风格，请注明将要采用的设计风格及特点：

_____

_____

_____

第二，我们要收集需要使用的素材，请注明要使用的素材类型及内容：

例：文字素材—音频名称及其背景资料等

_____

_____

_____

第三，我们要运用设计软件对素材进行处理，请注明需要使用的处理软件及功能简介：

例：Adobe Photoshop，简称"PS"，是由Adobe Systems开发和发行的图像处理软件。该软件可以图像编辑、图像合成、校色调色及特效制作等。

_____

_____

_____

第四，我们要运用网页设计软件Dreamweaver进行网页制作。

第五，就是将设计好的网页进行测试发布。

小提示：

设计网页的第一步是设计版面布局。我们可以将网页看作传统的报刊杂志来编辑，这里面有文字、图像乃至动画，我们要做的工作就是以最恰当的方式将图片和文字排放在页面的不同位置，我们可以在纸上画出设计草图。虽然在草图上，我们定出了页面的大体轮廓，但是灵感一般都是在制作过程中产生的。设计作品一定要有创意，这是最基本的要求，没有创意的设计是失败的。设计是一种审美活动，成功的设计作品一般都很艺术化。但艺术只是设计的手段，而并非设计的任务。设计是有原则的，无论使用何种方法对画面中的元素进行组合，都一定要遵循五个大的原则：统一、连贯、分割、对比及和谐。

2.根据需要收集素材

（1）在有网络的教学环境中，教师组织学生，依据表2-1所示内容进行下载备用。

（2）利用Adobe_Audition软件和外置麦克风录制素材。

（3）完成素材统计表如下：

表2-2素材统计表

素材类型	素材名称	数量	获取方式	文件格式

3.根据设计方案编辑处理素材

3.1运用Adobe Audition对音频素材处理

知识链接

Adobe Audition基础操作的学习，可登录西安技师学院远程教育平台，下载以下课件学习《Adobe Audition视频教程》、《Adobe Audition案例教程》（来源于互联网）。

3.1.1录制音频

Adobe Audition的编辑界面主要是由工作区和素材框组成，在素材框上方的选项卡里可以选择效果调板和收藏夹调板，如图2-3所示。

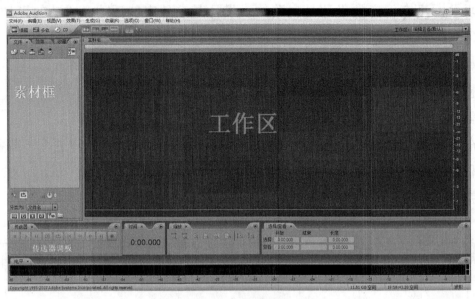

图2-3　编辑界面

步骤一：双击Adobe Audition的图标，打开程序，看见图2-4，然后会进入Audition的编辑界面，如图2-5所示。

图2-4　程序启动界面

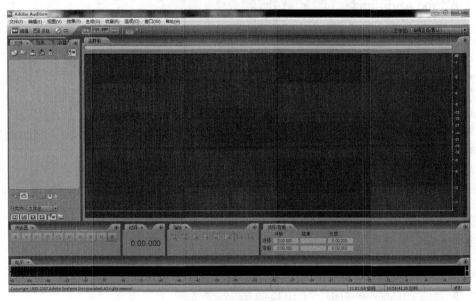

图2-5　编辑窗口

操作技巧——有的时候，尤其是第一次启动Audition的时候，会出现一些提醒用户设置临时文件夹的界面，这个时候可以一路确定下去，直到出现编辑界面即可。

步骤二：进入编辑界面之后可以直接点击传送器调板上的录音键进行录音，如图2-6所示。

图2-6　传送器窗口

会出现如图2-7所示的画面。

图2-7　新建波形窗口

步骤三：根据自己录音的需要，选择采样率和分辨率即可，选择完毕后，单击确定进入录音界面，如图2-8所示，此时就可以开始录音了，在录音的同时可以从工作区看到声音的波形。

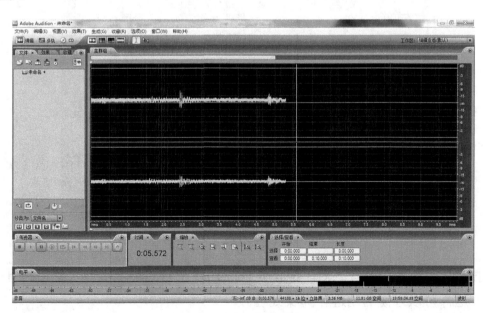

图2-8　录音操作界面

步骤四：录音完毕的时候，再次单击录音键即可结束录音。这个时候就可以用传送器调板进行音频的重放，听听录制的效果。如果满意的话，选择"文件->另存为"，如图2-9所示。

图2-9　文件菜单下拉列表

图2-10　"另存为"界面

操作技巧——在开始录音之后，应该先录制10秒左右的环境噪音，然后再开始录制自己的声音，这样可以方便后期进行降噪处理。

当然，也可以按照一般的步骤，选择"文件->新建"，然后会弹出图2-7的界面，选择完之后，进入编辑界面，此时再单击传送器调板里的录音键，就可以开始录音了，之后的步骤和先前所讲一致。

步骤五：音频的降噪

对于录制完成的音频，由于硬件设备和环境的影响，总会有噪音生成。所以，我们需要对音频进行降噪，以使得声音干净、清晰。当然如果录制的新闻，为了保证新闻的真实性，除了后期的解说可以进行降噪之外，所有录制的新闻声音是不允许降噪的。

我们假设已经录制完成了一段音频，在音频的最前面，是我们一开始录制的环境噪音，如图2-11所示。

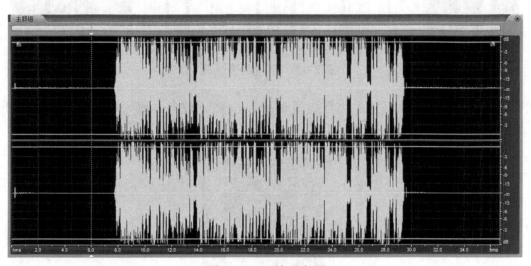

图2-11　环境噪音图

现在，我们先将环境噪音中不平缓的部分（也就是有爆点的地方）删除，如图2-12所示。

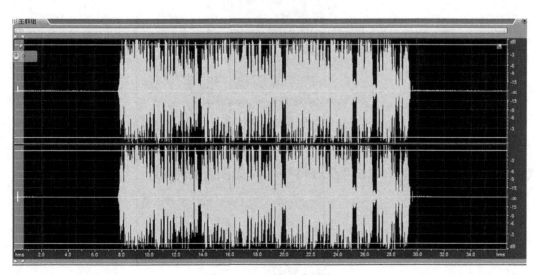

图2-12　环境噪音选择

然后选择一段较为平缓的噪音片段，如图2-13所示。

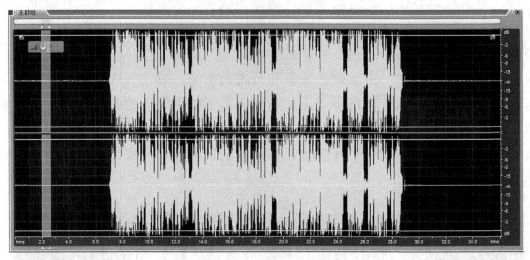

图2-13　环境噪音处理

接着我们在右侧素材框上，选择效果调板，选择"修复->降噪器"，如图2-14所示。

图2-14　效果调板

双击打开降噪器，然后单击"获取特性"，如图2-15所示。

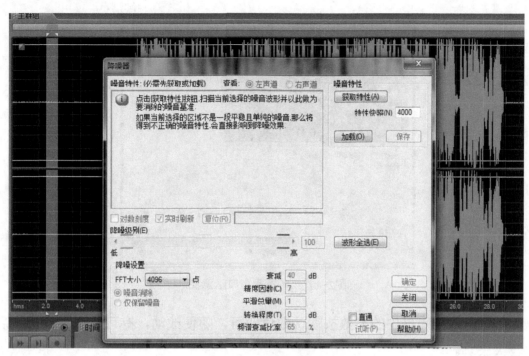

图2-15　降噪器窗口

软件会自动开始捕获噪音特性，如图2-16所示。

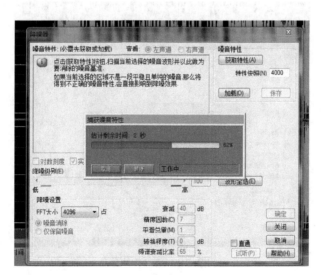

图2-16　降噪处理

然后生成相应的图形，如图2-17所示。

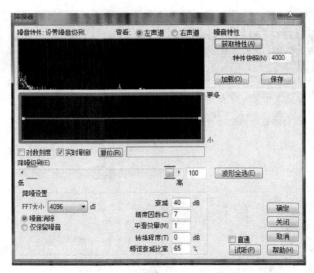

图2-17　降噪器窗口示意图

操作技巧——降噪器中的参数按默认数值即可，随便改动，有可能会导致降噪后的人声产生较大失真。

捕获完成后，我们单击"保存"，将噪音的样本保存，如图2-18所示。

图2-18　文件保存

然后关闭降噪器，单击工作区，按"ctrl+a"全选波形，如图2-19所示。

图2-19　全选波形

再打开降噪器，点击"加载"，将我们刚才保存的噪音样本加载进来，如图2-20所示。

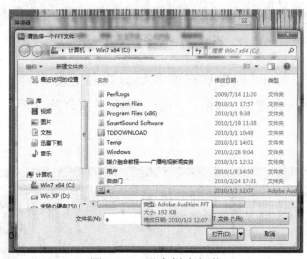

图2-20　噪音样本加载

接下来，我们要修改一下降噪级别。噪音的消除最好是不要一次性完成，因为这样可能会使得录音失真，建议大家第一次降噪，将降噪级别调的低一些，比如10%，如图2-21所示。

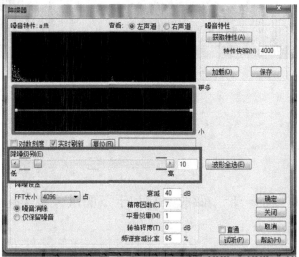

图2-21　降噪参数设置

再单击"确定"，软件会自动进行降噪处理，如图2-22所示。

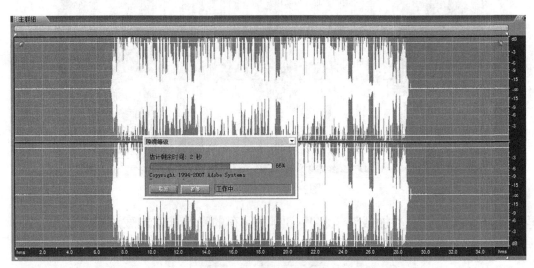

图2-22　降噪效果处理

完成第一次降噪之后，可以再次在噪音部分重新进行采样，然后降噪。多进行几次，每进行一次将降噪级别提高一些，一般经过两三次降噪之后，噪音基本上就可以消除了，如图2-23所示。

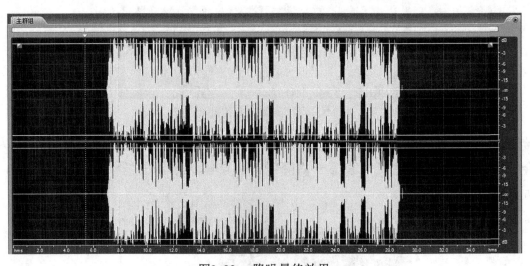

图2-23　降噪最终效果

小提示：

降噪是至关重要的一步，做的好有利于下面进一步美化你的声音，做不好就会导致声音失真，彻底破坏原声。

训练提高

请结合上面所示录音方法，录制《赠汪伦》唐诗朗诵音频和歌曲一首（曲目自定，清唱），同时请运用降噪处理方法，对录制的音频进行降噪处理。

请你将录制和处理过程记录下来主要步骤：

_____

_____

_____

_____

_____

_____

_____

3.1.2 多个音频的编辑

多个音频文件的编辑需要进入到多轨模式下进行。单击素材框之上的按钮"多轨"，如图2-24所示就可以进入多轨编辑模式了，如图2-25所示。

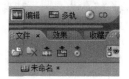

图2-24　多轨按钮

图2-25　多轨编辑界面

步骤一：导入音频文件

选择"文件->导入"，如图2-26所示。

图2-26　文件导入

在弹出的界面中，选择需要使用的音频文件，单击"打开"，即可导入到素材框中。如图2-27所示。

图2-27　导入窗口

这里导入了"JTV"和"JTV2"两个音频文件，如图2-28所示。

图2-28　选择导入文件

步骤二：音频编辑

将这两个文件，分别拖放到音频1和2的轨道上，这时就可以对两个音频进行编辑。首先将音频中不需要的部分删除，单击工作区上方的时间选择工具，然后对准音频不需要的部分，选择，如图2-29所示。

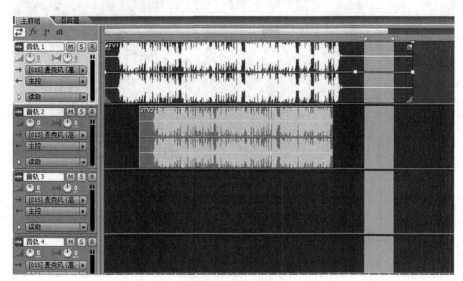

图2-29　选择音频

然后按"Delete"删除，如图2-30所示，这和单轨操作是一致的。

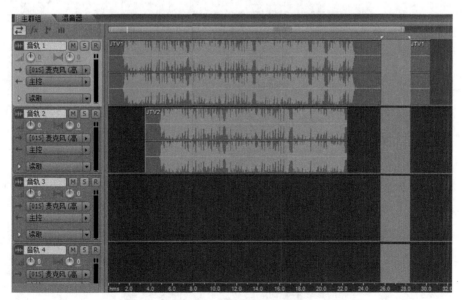

图2-30　删除音频信息

有的时候需要将音频切成几个小段，方便声音的对齐。这时用时间选择工具单击需要切开的位置，如图2-31所示。

图2-31　音频切割

然后使用快捷键"Ctrl+K"，或者选择"剪辑->分离"，如图2-32所示。这样就将音频切割开了，如图2-33所示。

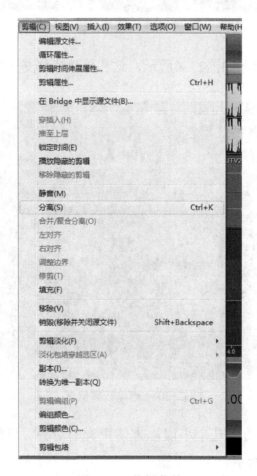

图2-32　剪辑菜单

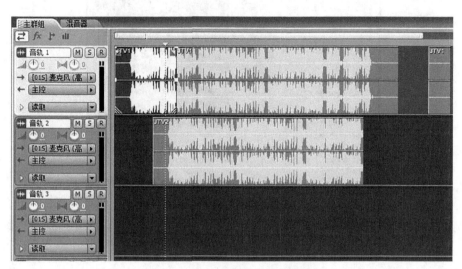

图2-33　音频切割效果示意图

接着，我们再利用移动工具 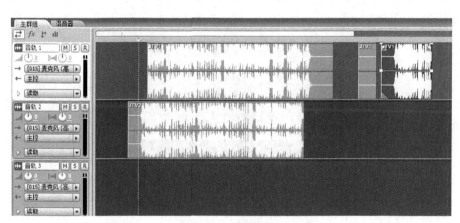 就可以对音频块进行移动，如图2-34所示，将音频对准。

图2-34　移动音频

对准完成之后，可以根据自己的需要对音频添加一些特效，这时只要选中需要添加特效的音频块，然后再在左侧素材框上选择效果调板，然后选择需要的效果双击打开，按照降噪类似的步骤就可以完成效果的添加。

步骤三：多轨音频的导出

多轨音频完成编辑之后，要进行输出，这时，选择"编辑->混缩到新文件->会话中的主控输出"，如图2-35所示，按照需要选择立体声或者是单声道。

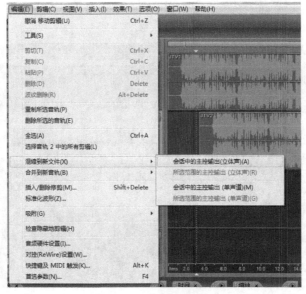

图2-35　编辑菜单

　　选择好立体声或者单声道之后，软件会自动开始进行混缩，如图2-36所示，并在单轨模式下自动生成一个混缩文件，如图2-37所示，这时只要再按照单轨编辑的保存方式进行保存就可以了。

图2-36　创建混缩

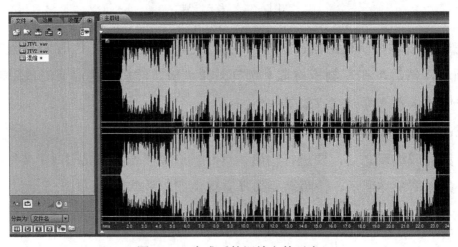

图2-37　生成后的混缩文件示意

小·提示：

在进行音频编辑的时候，需要注意的是，如果是进行新闻录音的编辑，绝对不能使用"降噪器"，对新闻音频进行降噪，只能使用"标准化"对音频的大小进行调节，要保证新闻的真实性。另外，多轨音频完成编辑之后，最好先试听，确定没有问题之后再导出。导出时最好是选择"wav"或者是其他的无损或高质量的音频格式，作为留底保存，然后再选择符合规范的音频格式进行发布。音频的编辑还有非常多的应用，但是作为一般编辑而言，这些已经足够，如果还想要进行更高阶段的编辑，需要大家自己去寻找相关的教程进行学习，这里就不再多说了。

训练提高

请结合上面所示多音频编辑方法，将下载好的音乐进行多音频创意编辑。

请你将编辑过程记录下来，主要步骤：

_____

_____

_____

_____

_____

_____

3.1.3 制作歌曲伴奏（消除人声）

你是否曾经遇到过自己十分喜欢的歌，但是又找不到卡拉OK伴奏带呢？现在有了Adobe Audition帮你，你就不会再为找不到伴奏带而烦恼了！我们可以自制伴奏带。

步骤一：在dobe audition多轨窗中选中第一轨点右键，在弹出菜单中选"插入"—"音频"，在对话框中选择你要制作的MP3或WAV文件，确定以后它就会在第一轨出现。

步骤二：双击第一轨音频，进入"音频编辑模式"，选择菜单"效果"项中的"振幅"里"通道混合器"项,在弹出的对话框中选择原厂预设参数中的"声音消除"一项。

然后听一下效果，这时你会觉得人声几乎没了，但听一会儿你会发觉似乎缺少了什么。没错，一些乐器的声音也被消掉了。那么只有从原曲中抽取这部分内容了。

将刚才的文件重新插入第二轨，双击进入"音频编辑模式"，选择菜单"效果"项

中的"滤波器"项里的"图示均衡器",为了更精确的调节频段,请将视窗切换为30段均衡视窗。

步骤三:调整增益范围,图中正负45dB,中间的10个增益控制基本上就是人声的频率范围。我们将人声覆盖的频段衰减至最小,边调节,边监听,直到人声几乎没有就可以了,处理好后回到多轨编辑视窗,把两轨混缩成一轨。

步骤四:保存混缩的音频。

 小·提·示:

播放听一下,是不是还可以?不过用这种方法,不可能完全的消除人声,若是完全的消除人声,所付出的也是音乐失真的代价。不过你在演唱时,你的声音完全可以盖住没消干净的原声,也就没问题了。

训练提高

请结合上面所示制作歌曲伴奏(消除人声)方法,将下载好的歌曲进行伴奏处理。

请你将歌曲伴奏制作过程记录下来,主要步骤:

_____

_____

_____

_____

_____

_____

_____

 **知识链接**

Dreamweaver的基础操作的学习,可登录西安技师学院远程教育平台,下载以下课件学习《Dreamweaver视频教程》、《Dreamweaver案例教程》(来源于互联网)。

3.2.1 网页制作简单步骤

现在，以下边的简单网页为例，叙述一下制作过程。简单网页，如图2-38所示。

图2-38　网页示意图

网页顶端的标题"我的主页"是一段文字。

网页中间是一幅图片。

最下端的欢迎词是一段文字。

网页背景是一深紫红颜色。

知道了这个网页的结构以后我们就来可以制作了。

首先启动Dreamweaver MX 2004，确保你已经用站点管理器建立好了一个网站（根目录）。

为了制作方便，请您事先打开资源管理器，把要使用的图片收集到网站目录images文件夹内。

步骤一：插入标题文字

进入页面编辑设计视图状态。在一般情况下，编辑器默认左对齐，光标在左上角闪烁，光标位置就是插入点的位置。如果要想让文字居中插入，点属性面板居中按钮即可。启动中文输入法输入"我的主页"四个字。字小不要紧，我们可以对它进行设置。

（1）设置文字的格式

选中文字，在上图属性面板中将字体格式设置成默认字体，大小可任意更改字号。并选中"B"将字体变粗。

（2）设置文字的颜色

首先选中文字，在属性面板中，单击颜色选择图标，在弹出的颜色选择器中用滴管选取颜色即可，如图2-39所示。

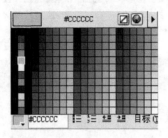

图2-39 颜色选择器

步骤二：设置网页的标题和背景颜色

点击"修改"菜单选"页面属性"。系统弹出页面属性对话框，如图2-40所示。

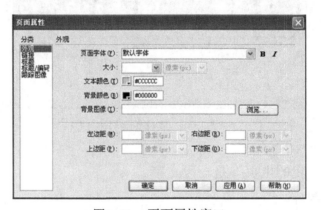

图2-40 页面属性窗口

请在标题输入框填入标题"我的主页"。

设置背景颜色：网页背景可以是图片，也可以是颜色。此例是颜色。如上图打开背景颜色选择器进行选取。如果背景要设为图片，点击背景图象"浏览"按钮，系统弹出图片选择对话框，选中背景图片文件，点击确定按钮。

设计视图状态，在标题"我的主页"右边空白处单击鼠标，回车换一行，按照以下的步骤插入一幅画图片，并使这张图片居中。您也可以通过属性面板中的左对齐按钮让其居左安放。

步骤三：插入图像

选择以下任意一种方法：

（1）使用插入菜单：在"插入"菜单选"图像"，弹出"选择图像源文件"对话框，选中该图像文件，单击确定，如图2-41所示。

图2-41　插入图像窗口

（2）使用插入栏，如图2-42所示：单击插入栏对象按钮>选按钮，弹出"选择图像源文件"对话框，其余操作同上。

图2-42　插入栏

（3）使用面板组"资源"面板，如图2-43所示：点按钮，展开根目录的图片文件夹，选定该文件，用鼠标拖动至工作区合适位置。

图2-43　资源面板

操作技巧——为了管理方便，我们把图片放在"images"文件夹内。如果图片少，您也可以放在站点根目录下。注意文件名要用英文或用拼音文字命名而且使用小写，不能用中文，否则要出现一些麻烦。

一个图片就插入完毕了。（插入*.swf动画文件，选择"插入"菜单＞媒体＞Flash）。

步骤四：添加背景音乐

（1）打开一个网页文档，在文档左下角的"标签选择器"中选择"body"标签，如图2-44所示。

图2-44　网页文档窗口

（2）打开行为面板，点击"+"按钮添加行为，如图2-45所示。

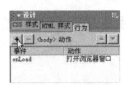

图2-45　行为面板

（3）选择"播放声音"，如图2-46所示。

图2-46　添加行为

选择声音文件。一个网页的背景音乐就添加好了，如图2-47所示。

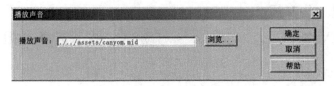

图2-47　播放声音行为面板

如果要修改背景音乐属性，在文档中选择背景音乐的图标，如图2-48所示。

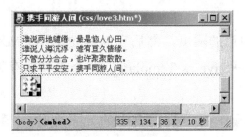

图2-48　网页文档

在属性检查器中，点击"参数"按钮，如图2-49所示。

图2-49　属性检查器面板

修改参数，如图2-50所示。

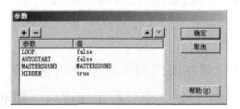

图2-50　属性参数窗口

步骤五：输入欢迎文字

在图片右边空白处单击，回车换行。仍然按照上述方法，输入文字"欢迎您……"然后，利用属性面板对文字进行设置。

保存页面。

一个简单的页面就这样编辑完毕了。

步骤六：预览网页

在页面编辑器中按F12预览网页效果。网站中的第一页，也就是首页，我们通常在存盘时取名为index.htm。

3.2.2使用模板制作网页

通过上面的简单网页的制作步骤学习，想必你对网页制作已经有所了解。由于该项目的主要任务不是设计网页，而是将处理好的音频应用于网页之中。为了简化制作过程，常常采用先制作出页面，再应用模板的方法。

方法其实很简单，找个适合的模板，用Dreamweaver MX 2004打开，改一改内容，换一换图片，既然我们对网页制作懂得不多就只有这些了，其他的改了，可能会改出问

题。图片就用Photoshop这个软件处理下就行了。

简明步骤如下：

步骤一：先下载一个中意的网页，然后在Dreamweaver MX 2004中打开它，仅仅保留框架等元素之后通过"File→Save as Template"命令将其保存为模板，这样能够省去很多制作模板的时间。

为了避免编辑时候误操作而导致模板中的元素变化，模板中的内容默认为不可编辑，只有把某个区域或者某段文本设置为可编辑状态之后，再由该模板创建的文档中才可以改变这个区域。先用鼠标选取某个区域(也就是每个页面不同内容的区域)，接着运行"Modify→Templates→New Editable Region"命令，并且在弹出的对话框中为这个区域设定一个名称，这样就完成了编辑区域的设置。

 小提示：

设定好编辑区域之后需要运行"File→Save"命令保存所做的修改。

步骤二：使用模板

有了模板之后，接下来就要在编辑网页时候使用它们了。只要在Dreamweaver MX 2004主窗口中运行"File→New"命令即可看新建窗口，接着进入"Templates"标签即可查看到已经保存的模板，从中选取一种还可以在右部的预览区进行预览，如图2-51所示，最后挑选一款中意的模板并点击下部"Create"按钮打开这个模板。

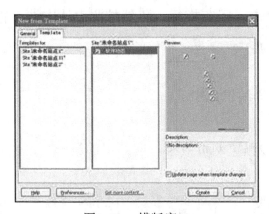

图2-51　模版窗口

在打开的模板中，无法编辑的区域将呈高亮状态显示，但是有些位置是锁定区域，却不是高亮显示，这主要是因为图片正好盖住了背景的颜色。对于这种情况，可以运行"Edit→PReferences"命令，在弹出窗口的"Category"列表中选取"Highlighting"一项，接着在右部区域中选取"Locked regions"旁边的"Show"选项，如图2-52所示，并且设定高亮显示色为蓝色，这样就可以很清楚地分辨出模板中的锁定区域了。

小·提示：

如果仍然看不见高亮显示效果，还可以依次选中"View→Visual Aids→Invisible Elements"命令。

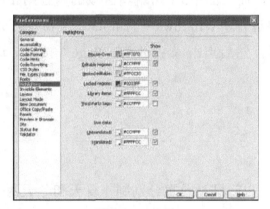

图2-52　编辑

最后，我们只要在可编辑区域添加网页的内容就可以了，比如添加一些文字说明或者是插入相应的图片，最后通过"File→Save"命令保存页面即可。

步骤三：修改和更换模板

在通过模板创建了若干个页面之后，如果需要更改页面或者增加栏目，再对所有的页面手工修改则非常麻烦，因此我们可以通过Dreamweaver MX 2004的模板修改功能来解决这个问题。比如我们对模板进行了修改之后，运行"File→Save"命令来保存模板，这时候会弹出提示框询问是否更新所有使用了该模板的页面，如图2-53所示，确认之后就会显示出更新的页面总数以及更新的时间等信息。

图2-53　保存模版窗口

　　另外，Dreamweaver MX 2004还提供了一个为网页更换模板的功能，这样更换模板有点像给人换衣服，只要把各种模板制作好，然后想穿哪件就穿哪件。不过模板也不是随便可以更换的，可以更换模板的条件是被更换的页面必须是通过模板创建的，而且页面中的可编辑区域个数和名称必须与要更换模板的可编辑区域个数和名称相一致。比如一个网页中有3个可编辑区域，名称分别为t1、t2、t3。另外还有一个模板，无论这个模板什么结构，只要它也有3个可编辑区域，并且名称也是t1、t2和t3，那么就可以用它来为原先的网页更换新模板，而页面中3个可编辑区域的内容则相应保持不变。具体的更换模板方法也很简单，只要运行"Windows→Templates"命令打开模板面板，此时可以从上部区域挑选合适的模板，然后点击"Apply To Page"按钮，这样就可以很快完成模板更换操作了。

小提示

　　利用这个功能可以为网站首页分别制作夏天和冬天两个版本，这样可以非常方便地更换模板。

　　其实模板的相关内容还很多，不过限于篇幅只能选取部分介绍，希望大家能够举一反三，彻底领会到模板的精妙所在。

训练提高

　　请结合上面所示参考步骤方法，依照你的方案，自己制作一个网页，并添加制作好的音频文件。

　　请你将网页制作过程记录下来，主要步骤：

_____

_____

_____

_____

_____

_____

_____

_____

知识拓展

1.自我总结

本次任务中你学到了什么知识和技能：＿＿＿＿＿＿＿＿＿＿＿＿＿

＿＿＿＿＿＿＿＿＿＿＿＿＿＿＿＿＿＿＿＿＿＿＿＿＿＿＿＿＿＿＿

你最拿手的是哪方面的技能：＿＿＿＿＿＿＿＿＿＿＿＿＿＿＿＿＿

＿＿＿＿＿＿＿＿＿＿＿＿＿＿＿＿＿＿＿＿＿＿＿＿＿＿＿＿＿＿＿

哪些技能是需要继续练习提高的：＿＿＿＿＿＿＿＿＿＿＿＿＿＿＿

＿＿＿＿＿＿＿＿＿＿＿＿＿＿＿＿＿＿＿＿＿＿＿＿＿＿＿＿＿＿＿

2.本课内容总结

本课主要通过"天籁之声"网页制作过程的学习，让学生掌握多媒体设计制作中Adobe Audition软件简单的使用方法和使用技能，学会利用Adobe Audition录制声音、处理音频、添加音频特效，并能够使用Dreamweaver网页设计软件，运用网页模板制作网页。

知识拓展

1.音频的存储介质变迁

1877年秋天8月15日的下午，发明家爱迪生在自己的实验室制造出了跨时代的发明——留声机，自此声音第一次被录制了下来。而他所使用的这种方法，被后世称之为纯机械录音。随后，录音技术发展为光学录音、磁性录音和电子录音等。其中，使用最广泛的便是磁性录音，而其产品就是我们所十分熟悉的磁带。

注：磁带可以记录音频和视频，甚至当作数据存储（早年计算机用磁带做存户），而我们这里主要说的是前者，也被称作录音带。

至于磁带的名字，很好理解，那就是带有磁性的带子——而具体上来说，通常是在塑料薄膜带基（支持体）上涂覆一层颗粒状磁性材料，或蒸发沉积上一层磁性氧化物或合金薄膜而成。

录音磁带的带基上涂着一层磁粉，实际上就是许多铁磁性小颗粒。磁带紧贴着录音磁头走过，音频电流使得录音头缝隙处磁场的强弱、方向不断变化，磁带上的磁粉也就被磁化成一个个磁极方向和磁性强弱各不相同的"小磁铁"，声音信号就这样记录在磁带上了。

而在播放时，机械传动装置和压带轴使磁带匀速通过磁头，磁带上的微粒影响了磁头的电场，获得忽强忽弱的电流。在三极管组成的桥式整流和滤波电路上得以放大；此后，还要经过后置放大器把电流传到音箱功放，进而就可以放出声音了。

除了磁带，还有一种模拟存储，那就是唱片。它其实是当年留声机发明后一种改进产品，当时，录音的介质是圆桶上的那层锡箔纸（具体的故事可以自行搜索一下）。随后，科学家们将其改良为圆盘，也就是我们现在看到的唱片的雏形。

而从准确的定义上来说，唱片是一种音乐传播的介质概括。其物质形态可以分为早期的钢丝唱片、胶木78转唱片、黑胶唱片等等。

我们现在所熟悉的是黑胶唱片，其名字来源于它的介质——采用了立体声黑色赛璐珞质地。同时，黑胶也简称LP，其英文全称是Long-Playing。这个很容易理解，就是长时间播放的意思——1948年开始，33又3分之1转的唱片发行，经过几年的发展，单面可录音时间将近30分钟，比以往长了很多，故以Long-Playing称之。

在播放黑胶唱片的时候，唱片机的唱针与唱片接触，唱针的震动通过唱头的"机电转换"变成电信号，再经过放大器推动电动扬声器发声。

小结

磁带与唱片统治了整个模拟音频存储时代，直到CD的出现。不过此后也有不同的命运，那就是磁带几乎消亡了，而唱片主要是黑胶唱片还存在着。这是因为很多烧友认为黑胶唱片在听感上最为保真，而没有数字音频那种数码味道。

但不管是磁带还是唱片都有一个致命的缺陷，那就是不易存储和保护：磁带的磁粉久了容易脱落，而且容易被消磁；而唱机播放时和唱针接触，每次播放都会有损耗。

1982年8月17日，第一张CD诞生了。从此，数字音频时代来临。在这里，插播一句，笔者是这天出生的，哈哈，有缘。

CD的全称是COMPACT DISK，字面理解是紧凑型、高密度的碟子，而通常上来说看，我们一般称它为光盘。CD的种类有很多，例如CD-ROM、CD-ROM XA、照片CD、CD-I和音频CD、视频CD等等。而在这里，我们主要是说应用于音频的CD，Audio CD。

而和传统的磁带、黑胶唱片相比，CD拥有极为明显的优势：容量大、体积小，而且容易保存，音质也很好。当然，还有一个非常重要的优势，那就是：制作成本低廉，对于唱片公司来说，可以赚取大量的利润。另外，CD也有自己的不足之处，例如对于原汁原味的音乐有所破坏，还有就是它自己采用的16bit/44.1kHz的采样精度并不高，这为后来更高品质载体的发展，留下了空间。

而在这里呢，需要提及两个公司的名字，它们是飞利浦和索尼。在CD诞生与发展的过程中，他们扮演了最为重要的作用。其中，飞利浦提供的是基本上是硬件支持：即研发光盘盘片技术和激光读取刻录技术，而索尼则专攻数字编码技术，实现将音乐信号转变为电信号，并以PCM编码形式存储于一张盘片上。

这里说到PCM编码，我们所说的Audio CD就是以这种PCM编码，将音频记录在光盘中的。它不同于数据CD，可以随便的读取，而是需要用工具将这种编码转换为计算机能读懂的音频格式。

刚接触电脑的时候，笔者也曾为之困惑：怎么光盘里就那么点儿歌，一个才44kb，

怎么就装满一张CD呢？实际上，这些44kb的文件，只是操作系统用虚拟文件的方式映射的索引而已。

DVD的全称，是Digital Video Disc（数字视频光盘），现在称为"Digital Versatile Disc"，即"数字多用途光盘"，是CD的后继产品。而它出现的理由很简单：CD的容量不够，只有650MB，已经不能够满足大众的需要了。

不过，两者并没有太大的区别，因为它们的原理是一样的，即：用激光技术来读取光盘中的资料。只不过，DVD光学读头的精度比CD光学读头的精度高，可以读取更小的光点。所以，DVD资料储存的密度便可提高，也就是说，DVD资料容量的提升，可以说是拜光学读取头的进步所赐。

当然，DVD也分很多种类（和CD的差不多），主要有DVD-VIDEO(又可分为电影格式及个人计算机格式)、DVD-ROM、DVD-R、DVD-RAM、Audio。而我们所说的、应用于音频的，主要是最后一种，也就是DVD-Audio。

DVD-Audio是由DVD Forum Audio Working Group(WG-4)与InternationalSteering Committee(ISC为日、美、欧Recording Association)共同制订的规格，也是DVD家族中重要的一员。经过长久的讨论，众所期待的DVD-Audio Ver.1.0规格终于在1999年4月正式公布，让此一争议许久的规格终告一段落。DVD-Audio规格的完成，使得长达近二十年的Audio CD时代将要走入历史。

至于DVD-Audio要比Audio CD的质量好多少，我们看一组对比就行了。

普通16bit/44.1kHz的CD的码率是$2×44.1×16=1411.2$kbps$≈1.411$Mbps。DVD-audio提供全频带6声道24bits以及高达96kHz的采样率，其码率为$6×24×96=13824$kbps$≈13.5$Mbps，明显数倍于CD。

同样的原因，DVD容量也不够用了，于是蓝光诞生了。不过，笔者对于蓝光以及应用与蓝光的Audio不太熟悉。所以，这部分内容便借鉴友站Soomal对于蓝光CD的看法。

2．网站的分类

（1）资讯门户类网站

本类网站以提供信息资讯为主要目的，是目前最普遍的网站形式之一。这类网站虽然涵盖的工作类型多，信息量大，访问群体广，但所包含的功能却比较简单。其基本功能通常包含检索、论坛、留言，也有一些提供简单的浏览权限控制，例如许多企业网站中就有只对代理商开放的栏目或频道。

这类网站开发的技术含量主要涉及到三个因素：

①承载的信息类型。例如是否承载多媒体信息，是否承载结构化信息等。

②信息发布的方式和流程。

③信息量的数量级。目前大部分的政府和企业的综合门户网站都属于这类网站，比如新浪、搜狐、新华网。

(2)企业品牌类网站

企业品牌网站建设要求展示企业综合实力，体现企业 CIS 和品牌理念。企业品牌网站非常强调创意，对于美工设计要求较高，精美的FLASH 动画是常用的表现形式。网站内容组织策划，产品展示体验方面也有较高要求。网站利用多媒体交互技术，动态网页技术，针对目标客户进行内容建设，以达到品牌营销传播的目的。

企业品牌网站可细分为三类：

①企业形象网站：塑造企业形象，传播企业文化，推介企业业务，报道企业活动，展示企业实力。

②品牌形象网站：当企业拥有众多品牌，且不同品牌之间市场定位和营销策略各不相同，企业可根据不同品牌建立其品牌网站，以针对不同的消费群体。

③产品形象网站：针对某一产品的网站，重点在于产品的体验，例如：汽车厂商每上市一款新车就建立一个新车形象网站；手机厂商推出新款手机形象网站；房地产发展商的新楼盘形象网站。

比如：联想 IBM 还有www.00kj.com,当然这类网站还有他的实用性。

（3）交易类网站

这类网站是以实现交易为目的，以订单为中心。交易的对象可以是企业（B2B），也可以是消费者（B2C）。这类网站有三项基本内容：1、商品如何展示；2、订单如何生成；3、订单如何执行。 因此，该类网站一般需要有产品管理、订购管理、订单管理、产品推荐、支付管理、收费管理、送发货管理、会员管理等基本系统功能。功能复杂一点的可能还需要积分管理系统、VIP管理系统、CRM系统、MIS系统、ERP系统、商品销售分析系统等。交易类网站成功与否的关键在于业务模型的优劣。企业为配合自己的营销计划搭建的电子商务平台，也属于这类网站。

交易类网站可细分为三类：

①B TO C网站:即(BUSINESS TO CONSUMER),商家——消费者，主要是购物网站，

等同传统的百货商店，购物广场等。

②B TO B网站:即(BUSINESS TO BUSINESS),商家——商家，主要是-商务网站，等同传统的原材料市场，如电子元件市场、建材市场等。

③C TO C网站:即(CONSUMER TO CONSUMER),消费者——消费者，主要是拍卖网站，等同传统的旧货市场，跳蚤市场，废品收购站，一元拍卖，销售废、旧用品。

比如：淘宝、易趣、拍拍

（4）社区网站

社区网站指的是就是大型的分了很多类的 有很多注册用户的网站,和BBS是差不多的。比如猫扑、天涯等，当然大的门户站都有自己的论坛那也是。

（5）办公及政府机构网站

①企业办公事务类网站

这类网站主要包括企业办公事务管理系统、人力资源管理系统、办公成本管理系统和网站管理系统。

②政府办公类网站

这类网站利用外部政务网与内部局域办公网络而运行。其基本功能有：提供多数据源接口，实现业务系统的数据整合；统一用户管理，提供方便有效的访问权限和管理权限体系；可以灵活设立下位子网站；实现复杂的信息发布管理流程。

网站面向社会公众，既可提供办事指南、政策法规、动态信息等，也可提供网上行政业务申报、办理，相关数据查询等。目前很多单位的内联网网站还只算得上简单的资讯类网站，应该为其加上一个多级的权限控制功能，采用b/s结构构建OA系统，即Web OA系统，就会变成这种办公类网站。

比如：首都之窗、北京税务局网站

（6）互动游戏网站

这是近年来国内逐渐风靡起来的一种网站。这类网站的投入是根据所承载游戏的复杂程度来定，其展趋势是向超巨型方向发展，有的已经形成了独立的网络世界，让玩家欲罢不能。

（7）有偿资讯类网站

这类网站与资讯类网站有点相似，也是以提供资讯为主。所不同者在于其提供的资讯要求直接有偿回报。这类网站的业务模型一般要求访问者或按次，或按时间，或按量付费。

（8）功能性网站

这是近年来兴起的一种新型网站，google即其典型代表。这类网站的主要特征是将一个具有广泛需求的功能扩展开来，开发一套强大的支撑体系，将该功能的实现推向极

致。看似简单的页面实现，却往往投入惊人，效益可观。比如：百度等。

（9）综合类网站

这类网站的共同特点是提供两个以上典型的服务，例如新浪、搜狐。这类网站可以把它看成一个网站服务的大卖场，不同的服务由不同的服务商去提供。其首页在设计时都尽可能把所能提供的服务都包含进来。

3. 颜色对心理的影响

色彩和光线一样，也会对人的生理心理产生影响。它不但影响人的视觉神经，还进而影响心脏、内分泌机能、中枢神经系统的活动。

西方心理学家中有人提出，常见的赤橙黄绿青蓝紫等颜色对人的生理有不同的影响。

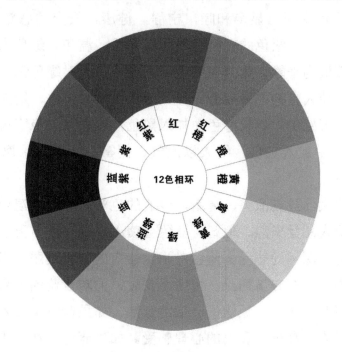

红色：强有力，喜庆的色彩。具有刺激效果，容易使人产生冲动，是一种雄壮的精神体现，愤怒，热情，活力的感觉。红色是一种引人注目的色彩。对人的感觉器官有强烈的刺激作用，能增高血压，加速血液循环，对人的心理产生巨大鼓舞作用。这就使红色有了积极、向上、活力等象征意义。如果红色中加入白色成为粉红色，它意味着幸福、甜蜜、娇柔、爱情。如果红色加入黑色可成为暗红色，给人以枯萎、烦恼、孤僻、憔悴、不合群的心理感受。如果红色中加入灰色，成为红灰色，给人以烦闷、哀伤、忧郁、寂寞的心理感受。

橙色：也是一种激奋的色彩，具有轻快，欢欣，热烈，温馨，时尚的效果。橙色也是对视觉器官刺激比较强烈的色彩。既有红色的热情，又有黄色的光明、活泼的性格，是人们普遍喜爱的色彩。如警戒的指定色，海上的救生衣，马路上养路工人制服等常用此色。如果橙色中加入白色，给人以细嫩、温馨、暖和、柔润、细心、轻巧、慈祥的心理感受。如果橙色中加入黑色，给人以沉着、茶香、情深、悲观、拘谨的心理感受。如果橙色中加入灰色给人以沙滩、故土、灰心的心理感受。

黄色：亮度最高，有温暖感，具有快乐、希望、智慧和轻快的个性，给人感觉灿烂辉煌。黄色是所有彩色中明度最高的色彩。给人以光明、自信、迅速、活泼、注意、轻快的感觉，尤其在低明度色彩或其补色的衬托下，十分醒目。在中国传统用色中，黄色是权力的象征，是帝王皇族的专用色。如果黄色中加入白色，给人以单薄、娇嫩、可爱、无诚意、温和、光荣和慈祥的心理感受。如果黄色中加入黑色，给人以没希望、多变、贫穷、粗俗、秘密的心理感受。如果黄色中加入灰色，给人以不健康、没精神、低贱、肮脏、陈旧的心理感受。

绿色：介于冷暖色中间，显得和睦，宁静，健康，安全的感觉。和金黄、淡白搭配，产生优雅，舒适气氛。绿色的视觉感受比较舒适，温和。绿色为植物的色彩，对生理作用和心理作用都极为平静，刺激性不大。因此，人对绿色都较喜欢，绿色给人以宁静、休息、放松，使人精神不易疲劳。如果绿色中加入白色，给人以爽快、清淡、宁静、舒畅、轻浮的心理感受。如果绿色中加入黑色，给人以安稳、自私、沉默、刻苦的心理感受。如果绿色中加入灰色，给人以湿气、倒霉、不信任、腐烂、发酵的心理感受。

蓝色：永恒、博大，最具凉爽、清新，专业的色彩。和白色混合，能体现柔顺，淡雅，浪漫的气氛，给人感觉平静、理智。蓝色会使人想到海洋、天空，湛蓝而广阔。蓝色给人以冷静、智慧、深远的感受。蓝色对视觉器官的刺激较弱，当人们看到蓝色时情绪较安宁，尤其是当人们在心情烦躁、情绪不安时，面对蓝蓝的大海，仰望蔚蓝旷远的天空，顿时心胸变得开阔起来，烦恼便会烟消云散。如果蓝色中加入白色，会给人以清淡、聪明、伶俐、轻柔、高雅、和蔼的心理感受。如果蓝色中加入黑色，给人以奥秘、沉重、幽深、悲观、孤僻、庄重的心理感受。如果蓝色中加入灰色，给人以粗俗、可怜、压力、贫困、沮丧、笨拙的心理感受。

紫色：紫色属于中性色彩，富有神秘感。紫色易引起心理上的忧郁和不安，但又给人以高贵、庄严之感，是女性较喜欢的色彩。在我国传统用色中，紫色是帝王的专用色，是较高权力的象征。如紫禁城（北京故宫）、紫袈装（朝廷赐给和尚的僧衣）、紫诏（皇帝的诏书）等。紫色中加入白色，给人以女性化、娇媚、清雅、美梦、含蓄、虚幻、羞涩、神秘的心理感受。紫色中加入黑色，给人以虚伪、渴望、失去信心的心理感受。紫色中加入灰色，给人以腐烂、厌倦、回忆、忏悔、衰老、矛盾、放弃、枯朽、消极、虚弱的心理感受。

灰色：具有中庸，平凡，温和，谦让，中立和高雅的感觉。灰色介于黑色和白色之间，是无彩色（无任何色彩倾向的灰）。灰色是全色相，是没有纯度的中性色。注目性很低，人的视觉最适应看的配色的总和为中性灰色。所以灰色很重要，但很少单独使用。灰色很顺从，与其他色彩配合均可取得较好的视觉效果。

黑、白色：不同时候给人不同的感觉，黑色有时感觉沉默、虚空，有时感觉庄严肃穆。白色有时感觉无尽希望，有时却感觉恐惧和悲哀。

冷暖色彩给人的心理情感上带来的变化是很丰富的。客观地讲，色彩本身并无冷暖的温度变化，引起冷暖变化的原因，是人的视觉对色彩冷暖感觉引起的心理联想。在心理学上，对于一种感觉兼有另一种感觉的心理现象，叫联觉现象。人们的颜色感觉容易引起联觉，因此，颜色容易对人的心理产生这样或那样的影响。如冷暖、远近、轻重等。

红橙黄等色被称为暖色，因为它们象太阳和烈火，能引起人们温暖的感觉。而蓝绿青紫等冷色，象碧空寒冰，让人们觉得冷。

颜色的冷暖更多是来自人对光的体验。不同颜色的光的波长是不同的，紫光波长最短，红光波长最长。波长短即频率高，其能量不容易被物体吸收，所以让人觉得不容易通过高频光获取温暖，因此是冷色。同时，除了光源，我们看到物体的颜色是因为物体对这种颜色的光或光集更多反射或透射。如果物体对高频光吸收较多，就会呈现出低频光的颜色。高频光具有的能量比低频光高，因此暖色的物体多吸收了高频光获得了较多能量，更容易温暖。

颜色的远近感（进退感）则与颜色的深浅有关。一般来说，颜色越深，给人的感觉越近，这也是取决于人们的生活经验。比如远山呈现轻蓝。近山浓抹，远树轻描是绘画的基本手法。同时暖色能给人以向前方突出的感觉，被称为进色；冷色向后方退入，被称为退色。用冷色色的墙壁涂料，可以使狭小的房间在感觉上变大，暖色则会使宽大的房间在感觉上变小。 颜色的深浅还能给人以轻重的感觉。浅色让人感到轻些，深色让人感到重些。这是由颜色对神经的刺激度不同，对精神的压迫感不同引起的。

项目任务3 《创意影视》创意视频展播秀设计与制作

　　影视是包括电影、电视以及电视电影等在内的影像艺术的表达对象。在以拷贝、磁带、存储器等为载体，以银幕、屏幕放映为目的，而实现以视觉与听觉综合为观赏对象的艺术表达中，影视成为现代艺术的综合形态，如图3-1、图3-2所示。

图3-1　电视剧海报

图3-2　电影海报

我们在浏览影视网站时，会有近期即将播放的影视剧的精彩片段，这就是预告片。预告片将电影的精华片段，经过刻意安排剪辑，以便制造出令人难忘的印象，从而达到吸引人的效果。预告片属于电影的广告，是营销的一部分。预告片不是把电影所有的精华片段凑在一起就完事了。它也有自己的流程，剪辑、合成、特效等，和一部电影的后期制作是一样的。而且，预告片更需要好的创意去包装。

任务描述　来了解一下任务吧！

西安技师学院网站准备增添一个影视欣赏模块，需要对影视素材进行剪辑、压缩成精彩片段集合，在网页上可以进行预览。制作周期4天。

（场景：豪迈传媒工作室；人物：项目经理、设计组组长小东）

项目经理：小东，现在有一个项目，项目内容是做一段最新电影预告片的展播秀，你来负责，带着你们组的成员将本次项目按时高质完成。

小东：客户有什么基本要求？

项目经理：这段视频在后期要放在客户所要求的网站上，视频的长短为8分钟左右，内容主要为最新的电影预告片及介绍，视频格式为MP4。

小东：什么时候交稿？

项目经理：四天的制作时间，期间你需要跟客户随时沟通。

小东：好的。

小提示：

影视剧预告片的剪辑不同于影视剧本身的剪辑，可以说是要把很长的影视剧编辑成一百多秒的短片，这是一个集故事焦点和精彩画面的视、声效压缩版，预告片的目的是吸引观众跟球而不是告诉观众其故事，在项目制作之前，充分了解将要编辑的影视剧素材，预告片尽可能的保持镜头元素，不做太大的夸张。而艺术片的特点是画面和对白的巧妙对接，可以用影片中的对白接合对白达到预告效果。

请依照项目一中所示的设计单填写方式，将下面的设计单补全。

豪迈传媒设计公司设计单（样表）

下单日期：　　年　　月　　日　　　　　　　　　　　　　编号：XAJSXY0003

产品型号：	产品名称：

设计主题：

设计要求：

文件格式：　□JPG　　□CDR　　□AI　　□其他 _____

完成时间：□半小时　　□小时　　□半天　　□其他 _____

备注：
　刻成DVD

业务员：_____　设计师：_____

任务分析

通过前面的任务描述，我们对所要做的任务有了初步的认识，那具体该怎么做呢？

请思考：要完成此任务你应该从哪方面着手？

6.视频制作软件有哪些？各有什么特点？

_____

_____

_____

_____

7.视频编辑的基本流程都有那些呢？

_____

_____

_____

_____

8.视频的文件格式都有哪些呢？

_____

_____

_____

_____

9. 根据任务描述，请你完成表3-1，将表格中空白处补全。

表3-1　视频信息表

视频类型	影视名称	导演及主演	发行时间	发行公司
电视剧				
电影				

10.收集素材：视频素材获取渠道有哪些？需要哪些设备？

_____

_____

_____

1．常见视频格式

MPEG/MPG/DAT

MPEG（运动图像专家组）是Motion Picture Experts Group 的缩写。这类格式包括了MPEG-1，MPEG-2和MPEG-4在内的多种视频格式。MPEG-1相信是大家接触得最多的了，因为目前其正在被广泛地应用在VCD 的制作和一些视频片段下载的网络应用上面，大部分的VCD都是用MPEG1 格式压缩的(刻录软件自动将MPEG1转换为DAT格式)，使用MPEG-1 的压缩算法，可以把一部120 分钟长的电影压缩到1.2 GB 左右大小。MPEG-2 则是应用在DVD 的制作，同时在一些HDTV（高清晰电视广播）和一些高要求视频编辑、处理上面也有相当多的应用。使用MPEG-2 的压缩算法压缩一部120 分钟长的电影可以压缩到5-8 GB 的大小（MPEG2的图像质量是MPEG-1 无法比拟的）。MPEG系列标准已成为国际上影响最大的多媒体技术标准，其中MPEG-1和MPEG-2是采用香农原理为基础的预测编码、变换编码、熵编码及运动补偿等第一代数据压缩编码技术；MPEG-4（ISO/IEC 14496）则是基于第二代压缩编码技术制定的国际标准，它以视听媒体对象为基本单元，采用基于内容的压缩编码，以实现数字视音频、图形合成应用及交互式多媒体的集成。MPEG系列标准对VCD、DVD等视听消费电子及数字电视和高清晰度电视（DTV&&HDTV）、多媒体通信等信息产业的发展产生了巨大而深远的影响。

AVI

AVI，音频视频交错(Audio Video Interleaved)的英文缩写。AVI这个由微软公司发表的视频格式，在视频领域可以说是最悠久的格式之一。AVI格式调用方便、图像质量好，压缩标准可任意选择，是应用最广泛、也是应用时间最长的格式之一。

MOV

使用过Mac机的朋友应该多少接触过QuickTime。QuickTime原本是Apple公司用于Mac计算机上的一种图像视频处理软件。Quick-Time提供了两种标准图像和数字视频格式，即可以支持静态的*.PIC和*.JPG图像格式，动态的基于Indeo压缩法的*.MOV和基于MPEG压缩法的*.MPG视频格式。

ASF

ASF(Advanced Streaming format高级流格式)。ASF 是MICROSOFT 为了和现在的Real player 竞争而发展出来的一种可以直接在网上观看视频节目的文件压缩格式。ASF使用了MPEG4 的压缩算法，压缩率和图像的质量都很不错。因为ASF 是以一个可以在网上即时观赏的视频"流"格式存在的，所以它的图像质量比VCD 差一点点并不出奇，但比同是视频"流"格式的RAM 格式要好。

WMV

一种独立于编码方式的在Internet上实时传播多媒体的技术标准，Microsoft公司希望用其取代QuickTime之类的技术标准以及WAV、AVI之类的文件扩展名。WMV的主要优点在于：可扩充的媒体类型、本地或网络回放、可伸缩的媒体类型、流的优先级化、多语言支持、扩展性等。

NAVI

如果发现原来的播放软件突然打不开此类格式的AVI文件，那你就要考虑是不是碰到了NAVI。NAVI是New AVI 的缩写，是一个名为Shadow Realm 的地下组织发展起来的一种新视频格式。它是由Microsoft ASF 压缩算法的修改而来的（并不是想象中的AVI），视频格式追求的无非是压缩率和图像质量，所以 NAVI 为了追求这个目标，改善了原始的ASF 格式的一些不足，让NAVI 可以拥有更高的帧率。可以这样说，NAVI 是一种去掉视频流特性的改良型ASF 格式。

3GP

3GP是一种3G流媒体的视频编码格式，主要是为了配合3G网络的高传输速度而开发的，也是目前手机中最为常见的一种视频格式。

简单的说，该格式是"第三代合作伙伴项目"(3GPP)制定的一种多媒体标准，使用户能使用手机享受高质量的视频、音频等多媒体内容。其核心由包括高级音频编码(AAC)、自适应多速率 (AMR) 和MPEG-4 和H.263 视频编码解码器等组成，目前大部分支持视频拍摄的手机都支持3GPP格式的视频播放。其特点是网速占用较少，但画质较差。

REAL VIDEO

REAL VIDEO（RA、RAM）格式由一开始就是定位在视频流应用方面的，也可以说是视频流技术的始创者。它可以在用56K MODEM 拨号上网的条件实现不间断的视频播放，当然，其图像质量和MPEG2、DIVX等比是不敢恭维的啦。毕竟要实现在网上传输不间断的视频是需要很大的频宽的，这方面是ASF的有力竞争者。

MKV

一种后缀为MKV的视频文件频频出现在网络上，它可在一个文件中集成多条不同类型的音轨和字幕轨，而且其视频编码的自由度也非常大，可以是常见的DivX、XviD、3IVX，甚至可以是RealVideo、QuickTime、WMV 这类流式视频。实际上，它是一种全称为Matroska的新型多媒体封装格式，这种先进的、开放的封装格式已经给我们展示出非常好的应用前景。

FLV

FLV是FLASH VIDEO的简称，FLV流媒体格式是一种新的视频格式。由于它形成的文件极小、加载速度极快，使得网络观看视频文件成为可能，它的出现有效地解决了视频文件导入Flash后，使导出的SWF文件体积庞大，不能在网络上很好的使用等缺点。

F4V

作为一种更小更清晰，更利于在网络传播的格式，F4V已经逐渐取代了传统FLV，也已经被大多数主流播放器兼容播放，而不需要通过转换等复杂的方式。F4V是Adobe公司为了迎接高清时代而推出继FLV格式后的支持H.264的F4V流媒体格式。它和FLV主要的区别在于，FLV格式采用的是H263编码，而F4V则支持H.264编码的高清晰视频，码率最高可达50Mbps。也就是说F4V和FLV在同等体积的前提下，能够实现更高的分辨率，并支持更高比特率，就是我们所说的更清晰更流畅。另外，很多主流媒体网站上下载的F4V文件后缀却为FLV，这是F4V格式的另一个特点，属正常现象，观看时可明显感觉到这种实为F4V的FLV有明显更高的清晰度和流畅度。

RMVB

RMVB的前身为RM格式，它们是Real Networks公司所制定的音频视频压缩规范，根据不同的网络传输速率，而制定出不同的压缩比率，从而实现在低速率的网络上进行影像数据实时传送和播放，具有体积小，画质也还不错的优点。

早期的RM格式为了能够实现在有限带宽的情况下，进行视频在线播放而被研发出来，并一度红遍整个互联网。而为了实现更优化的体积与画面质量，Real Networks公司不久又在RM的基础上，推出了可变比特率编码的RMVB格式。RMVB的诞生，打破了原先RM格式那种平均压缩采样的方式，在保证平均压缩比的基础上，采用浮动比特率编码的方式，将较高的比特率用于复杂的动态画面（如歌舞、飞车、战争等），而在静态画面中则灵活地转为较低的采样率，从而合理地利用了比特率资源，使RMVB最大限度地压缩了影片的大小，最终拥有了近乎完美的接近于DVD品质的视听效果。我们可以做个简单对比，一般而言一部120分钟的dvd体积为4GB，而rmvb格式来压缩，仅400MB左右，而且清晰度流畅度并不比原DVD差太远。

人们为了缩短视频文件在网络进行传播的下载时间，为了节约用户电脑硬盘宝贵的空间容量，已越来越多的视频被压制成了RMVB格式，并广为流传。到如今，可能每一位电脑使用者（或许就包括正在阅读这篇文章的您）电脑中的视频文件，超过80%都会是RMVB格式。

RMVB由于本身的优势，成为目前PC中最广泛存在的视频格式，但在MP4播放器中，RMVB格式却长期得不到重视。MP4发展的整整七个年头里，虽然早就可以做到完美支持AVI格式，但却久久未有能够完全兼容RMVB格式的机型诞生。对于MP4，尤其是容量小价格便宜的闪存MP4而言，怎样的视频格式才将会是其未来的主流呢？我们不妨来探讨一番。

WebM

由Google提出，是一个开放、免费的媒体文件格式。WebM 影片格式其实是以 Matroska（即 MKV）容器格式为基础开发的新容器格式，里面包括了 VP8 影片轨和 Ogg Vorbis 音轨，其中Google将其拥有的VP8视频编码技术以类似BSD授权开源，Ogg Vorbis 本来就是开放格式。 WebM标准的网络视频更加倾向于开源并且是基于HTML5标准的，WebM 项目旨在为对每个人都开放的网络开发高质量、开放的视频格式，其重点是解决视频服务这一核心的网络用户体验。Google 说 WebM 的格式相当有效率，应该可以在 netbook、tablet、手持式装置等上面顺畅地使用。

Ogg Vorbis 本来就是开放格式，大家应该都知道，至于 VP8 则是 Google 当年买下一间叫 On2 的公司的时候，取得的 Video Codec，现在 Google 也把这个 Codec 以类似 BSD 授权放出来，因此 WebM 应该是不会有 H.264 的那些潜在的专利问题。

Youtube 也会支持 WebM 的播放。来自产业界的有 Adobe — Flash Player 将会支持 WebM 格式的播放 — AMD、ARM、Broadcom、Freescale、NVIDIA、Qualcomm、TI 等。在 Browser 方面，Chrome 不要说，Firefox、Opera 都已经表态将会支持这个新格式。微软 IE9 的支持就没这么直接，出厂时仅会支持 H.264 影片的播放，但如果你另外下载并安装了 VP8，那当然你也可以播放 HTML / VP8 的影片。 要推动一个新格式进入主流，甚至成为龙头老大，是非常不容易的。但 WebM 和 VP8 的推动者是 Google，而且是在 H.264 正因为其非开放性而备受质疑的时候，或许 WebM 真有机会迅速地站稳脚跟，一举成为新一代的影片通用格式。

2. 数码摄像机

数码摄像机就是DV，DV是Digital Video的缩写，译成中文就是"数字视频"的意思、它是由索尼、松下、胜利、夏普、东芝和佳能等多家著名家电巨擘联合制定的一种数码视频格式。然而，在绝大多数场合DV则是代表数码摄像机。按使用用途可分为：广播级机型（见图3-3）、专业级机型（见图3-4）、消费级机（见图3-5）型。存储介质有：磁带（见图3-6）、光盘（见图3-7）、硬盘式、存储卡式

（见图3-8）。

（1）广播级机型：

　　这类机型主要应用于广播电视领域，图像质量高，性能全面，但价格较高，体积也比较大，它们的清晰度最高，信噪比最大。当然几十万元的价格也不是一般人能接受得了的。

图3-3　广播级摄像机

（2）专业级机型：

　　这类机型一般应用在广播电视以外的专业电视领域，如电化教育等，图像质量低于广播用摄像机，不过近几年一些高档专业摄像机在性能指标等很多方面已超过旧型号的的广播级摄像机，价格一般在数万到十几万元之间。

　　相对于消费级机型来说，专业DV不仅外型更酷，更起眼，而且在配置上要高出不少，比如采用了有较好品质表现的镜头、CCD的尺寸比较大等，在成像质量和适应环境上更为突出。对于追求影像质量的朋友们来说，影像质量提高给人带来的惊喜，完全不是能用金钱来衡量的。

图3-4　专业摄像机

（3）消费级机型：

这类机型主要是适合家庭使用的摄像机，应用在图像质量要求不高的非业务场合，家庭娱乐等，这类摄像机体积小重量轻、便于携带、操作简单、价格便宜。在要求不高的场合可以用它制作个人家庭的的VCD、DVD，价格一般在数千元至万元级。

图3-5　消费级摄像机

3．视频的存储介质

（1）磁带（见图3-6）

磁带指以Mini DV为纪录介质，它最早在1994年由10多个厂家联合开发而成。通过1/4英寸的金属蒸镀带来记录高质量的数字视频信号。

图3-6　磁带

（2）光盘（见图3-7）

光盘指的是存储介质为DVD-RDVR+R或是DVD-RWDVD+RW来存储动态视频图像操作简单携带方便拍摄中不用担心重叠拍摄更不用浪费时间去倒带或回放尤其是可直接通过DVD播放器即刻播放省去了后期编辑的麻烦。

DVD介质是目前所有的介质数码摄像机中安全性稳定性最高的既不像磁带DV那样容易损耗也不像硬盘式DV那样对防震有非常苛刻的要求不足之处是DVD光盘的价格与

磁带DV相比略微偏高了一点而且可刻录的时间相对短了一些。

图3-7　光盘

（3）硬盘：

硬盘指的是采用硬盘作为存储介质。2005年由JVC率先推出的，用微硬盘作存储介质。

硬盘摄像机具备很多好处，大容量硬盘摄像机能够确保长时间拍摄，让你外出旅行拍摄不会有任何后顾之忧。回到家中向电脑传输拍摄素材，也不再需要MiniDV磁带摄像机时代那样烦琐、专业的视频采集设备，仅需应用USB连线与电脑连接，就可轻松完成素材导出，让普通家庭用户可轻松体验拍摄、编辑视频影片的乐趣。

微硬盘体积和CF卡一样，和DVD光盘相比体积更小，使用时间上也是众多存储介质中最可观的，但是由于硬盘式DV产生的时间并不长，还多多少少存在诸多不足：如防震性能差等等。随着价格的进一步下降，未来需求人群必然会增加。

（4）存储卡（见图3-8）：

指的是采用存储卡作为存储介质，例如风靡一时的"X易拍"产品，作为过渡性简易产品，如今市场上已不多见。

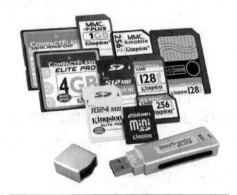

图3-8　存储卡

任务实施

1.技能准备

本项目的实施主要采用《会声会影11》视频编辑软件对相关视频素材进行处理、添加字幕，结合后期视频格式转换软件共同完成。下面先了解下这两个应用软件的基本使用方法：

（1）《会声会影11》视频编辑软件，如图3-9所示。

知识链接

会声会影的基础操作的学习，可登录西安技师学院远程教育平台，下载以下课件学习《会声会影视频教程》、《会声会影案例教程》（来源于互联网）。

《会声会影11》（Ulead VideoStudio）是美国的友立公司出品，是一个功能强大的"视频编辑"软件，具有图像抓取和编修功能，可以抓取，转换 MV、DV、V8、TV 和实时记录 抓取画面文件，并提供有超过 100 多种的编制功能与效果，可导出多种常见的视频格式，甚至可以直接制作成 DVD，VCD，VCD 光盘。支持各类编码，包括音频和视频编码。

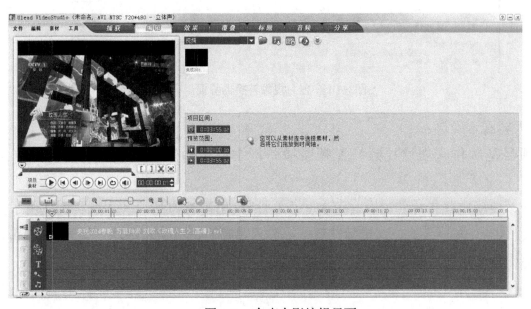

图3-9 会声会影编辑界面

（2）狸窝全功能视频转换器，如图3-10所示。

狸窝全能视频转换器是一款功能强大、界面友好的全能型音视频转换及编辑工具。有了它，您可以在几乎所有流行的视频格式之间，任意相互转换。如：RM、RMVB、VOB、DAT、VCD、SVCD、ASF、MOV、QT、MPEG、WMV、FLV、MKV、MP4、3GP、DivX、XviD、AVI、等视频文件，编辑转换为手机、MP4机等移动设备支持的音视频格式。

狸窝全能视频转换器不单提供多种音视频格式之间的转换功能，它同时又是一款简单易用却功能强大的音视频编辑器！利用全能视频转换器的视频编辑功能，DIY你自己拍摄或收集的视频，让它独一无二、特色十足。在视频转换设置中，您可以对输入的视频文件进行可视化编辑。例如：裁剪视频、给视频加logo、截取部分视频转换，不同视频合并成一个文件输出、调节视频亮度、对比度等。

图3-10　狸窝视频转换器界面

2．内容脚本确定

本项目是制作《创意视频》视频展播秀，主要是通过一些影视剧预告片来进行表现。

第一，要确定预告片的内容，可参见表3-1所列出影视作品，（本书实例使用了《钢铁侠3》、《杰克与巨人》、《星际迷航——驶入黑暗》、《遗忘星球》等影视剧）。

请写出你确定使用的影视剧的片名等信息（不少于五部）：

_____

_____

第二，要在网络上搜集这些影视剧内容的文字介绍。那么，影视剧文字介绍都有哪些内容呢？

_____

_____

_____

第三，要把搜集到的素材进行艺术编辑，需要通过一些艺术表现手法来制作。请问你知道视频编辑的艺术表现手法都有哪些吗？

_____

_____

_____

_____

3．素材搜索整理

（1）根据前面确定的影视剧内容，网络上进行搜集。

（2）依据影视剧片名称建立文件夹，对相关素材进行分类整理，包括视频文件和片子内容的文字介绍，便于制作时使用。

（3）对部分视频进行格式转换，统一转换为AVI视频格式。

表3-2　素材统计表

影视剧片名	视频类型	片长	视频文件下载网站地址	文件格式

几乎没有不能下载的电影，所有 rtsp, pnm, mms , mmst , http,ftp 等协议的电影文件都是可以下载的。没有不能播放的电影文件。你想，别人都花了大量的气力来制作电影文件，难道会不检测能不能播放？不能播放的原因是你没有安装相应的软件。

4.编辑制作

4.1视频片头文字的制作

步骤一：点击 按钮切换到时间轴视图，点击标题选项卡 标题 ，切换到标题面板，此时，预览窗口回变成如图3-11所示。

图3-11　预览窗口

步骤二：在标题选项卡选择预置的文字效果，如图3-12所示，将效果拖动到时间线的文字轨道上。

图3-12　预置文字效果

步骤三：将文字内容替换成"创意视频展播"并调整放置到适当的位置上，完成的效果，如图3-13所示。

图3-13   标题效果

相关知识

会声会影11工具栏按钮功能

1.故事版视图 ▦ ：在时间轴上显示影片的图像略图。

2.时间轴视图 ▤ ：用于对素材执行精确到帧的编辑操作。

3.音频视图 🔊 ：显示音频波形视图，用于对视频素材、旁白或背景音乐的音量级别进行可视化调整。

4.缩放控件 ⊖——▢———⊕ ：用于更改时间轴标尺中的时间码增量。

5.将项目调到时间轴窗口大小 ⊠ ：放大或缩小，从而在"时间轴"上显示全部项目素材。

6.插入媒体文件 📂 ：显示一个菜单，在该菜单上，可以将视频、音频或图像素材直接放到项目上。

7.撤销 ↺ ：用于撤销上一操作。

8.重复 ↻ ：用于重复撤销的操作。

9.启用/禁用智能代理 🎥 ：在启用和禁用代理之间切换，在创建HD视频的较低分辨率工作副本时，用于自定义代理设置。

10.成批转换 ⏱ ：将多个视频文件转换为一种视频格式。

11.轨道管理器 ❀ ：允许您显示/隐藏轨道。

12.启用/禁用5.1环绕声 🔊 ：用于创建5.1环绕声音轨。

训练提高

用相同的方法，制作视频1的片头文字并写出制作步骤。

_____

_____

_____

_____

4.2制作第一段视频——《钢铁侠3》预告片

步骤一：用视频播放器对《钢铁侠3》的预告片进行播放，并统计时间长度。依次点击"文件"——>"将媒体文件插入到素材库"——>"插入视频"，将《钢铁侠3》预告片视频导入到素材面板中，此时，在素材面板可以看到预览图标，如图3-14所示。

图3-14　素材面板

步骤二：拖动素材面板中的素材到时间轴轨道上，如图3-15所示。此时预览窗口就能对视频进行预览了，如图3-16所示。

图3-15　时间轴轨道

图3-16　预览窗口

操作技巧——精确修剪素材

单击 ◀ 或 ▶，可以更精确地设置剪切点。

步骤三：接下来就要为视频添加字幕了，点击 标题 选项卡，就可以为视频添加
字幕了，如图3-17所示。

图3-17 添加字幕操作

步骤四：鼠标左键双击预览窗口，就可以给视频添加字幕了，将文字添加完成以后
通过鼠标左键移动到相应位置上，如图3-18所示，此时时间轴中的标题轨道也会显示字
幕的内容，如图3-19所示。

图3-18 添加字幕效果

图3-19　标题轨道

步骤五：依次将字幕文字添加完成。在添加的过程中要注意文字内容不宜过长。将《钢铁侠3》的全部字幕文字添加完成以后，就可以拖动时间轴上方的滑块来进行预览了。

步骤六：将《杰克与巨人》、《星际迷航》、《遗忘星球》这三部影片的预告片导入到素材库中，并为其添加转场效果和字幕。（参照《钢铁侠3》预告片的制作流程）

步骤七：成片预览，对最后效果进行调整。选择 ▨分享▨ 渲染合成预告片，播放测试。

操作技巧——使用会声会影时应该注意的几点

第一点：会声会影的安装

（1）版本的选择：要选择比较稳定的版本。

（2）安装前要将系统清理干净。

第二点：播放插件及软件

目前许多网友反映在采集或渲染时出现：程序出错被关闭、不能渲染生成视频文件等问题，已经证明和此类软件存在兼容性问题，如：暴风影音的一些解码器软件。用会声会影进行视频编辑，最好不要安装此类软件，如出现问题，请卸载，如还不行，只能重做系统。(重做系统：指用系统安装盘重新安装系统。）如用镜像还原，请用仅安装了系统和设备驱动的镜像，不要用安装了其它视频软件的镜像进行还原。

第三点：场和帧

（1）VCD是基于帧的。在制作VCD视频时，文件->参数选择->常规选项卡默认场顺序请选择基于帧，否则可能造成画面清晰度下降，模糊不清。

（2）DVD/SVCD是基于场的。在中国PAL制是高场优先。在制作DVD/SVCD光盘时，不管编辑过程是高场或低场优先，分享生成光盘是刻录光盘向导界面左下角参数选择及模板管理器中的光盘建议改为高场优先，否则可能造成在用DVD/SVCD机播放时发生跳帧或画面上下抖动现象。(具体要看DVD/SVCD机的兼容性)

（3）电脑是基于帧的。用电脑播放基于场的视频会出现画面物体边缘拉丝现象，这是正常的。在DVD机上播放应该正常。

第四点：参数选择中的几点建议

（1）撤消：允许您定义可以撤消操作的最大数量。范围从0～99。数值太大容易造成编辑时系统反应慢，降低数值有利于提高系统速度，但是可撤消的次数也少了。

（2）在内存中缓存图像素材：在电脑内存中保存图像素材，可加快编辑时略图显示速度。

（3）应用色彩滤镜：在制作标题选择颜色时，经常会遇到&8220;色彩被滤镜改变&8221;，请去除此选项。

第五点：插件的安装

插件不是越多越好，用不到的插件不要安装，安装前先对插件有所了解再安装。

训练提高

用相同的方法，制作属于你自己的影视预告片，并写出制作步骤。

_____

_____

_____

_____

操作技巧——会声会影编辑完成后选用哪种编码效果好？

最终生成的格式还是要根据应用来决定，比如上传播选流媒体格式（WMV，Divx等），家庭录像当然是DVD格式了，生成DVD文件时选择6M的码流就比较好，低了影响清晰度，高了影碟机不兼容导致不能播放！

知识链接

狸窝视频转换器的基础操作的学习，可登录西安技师学院远程教育平台，下载以下课件学习《狸窝视频转换器视频教程》、《狸窝视频转换器案例教程》（来源于互联网）。

本项目任务要点之一就是要将制作好的视频放在网页上播放，请问适合于网页的视频格式有哪些？

_____

_____

_____

操作技巧—— 我们除了要对视频的输出格式进行设置以外还要对视频的输出质量和音频质量等等都可以进行相关的设置，另外我们还可以设置软件的视频输出路径，用户可点击浏览按钮进行路径重新设置。

知识总结

1.自我总结

本次任务中你学到了什么知识和技能：_____

_____

你最拿手的是哪方面的技能：_____

_____

哪些技能是需要继续练习提高的：_____

_____

2.本课内容总结

本课主要通过"创意视频展播秀"设计与制作过程的学习，让学生掌握多媒体设计制作中会声会影11软件简单的使用方法和使用技能，学会利用视频编辑软件对视频素材进行转场处理、添加字幕、渲染合成，运用狸窝视频转换器对视频格式进行转换应用。

知识总结

1. 镜头语言的基本知识

（1）电影、电视的景别

景别，根据景距、视角的不同，一般分为：

极远景：极端遥远的镜头景观，人物小如蚂蚁。

远景：深远的镜头景观，人物在画面中只占有很小位置。广义的远景基于景距的不同，又可分为大远景、远景、小远景（一说为半远景）三个层次。

大全景：包含整个拍摄主体及周边大环境的画面，通常用来作影影视作品的环境介绍，因此被叫做最广的镜头。

全景：摄取人物全身或较小场景全貌的影视画面，相当于话剧、歌舞剧场"舞台框"内的景观。在全景中可以看清人物动作和所处的环境。

近景：指摄取胸部以上的影视画面，有时也用于表现景物的某一局部。　特写：指摄影、摄像机在很近距离内摄取对象。通常以人体肩部以上的头像为取景参照，突出强调人体的某个局部，或相应的物件细节、景物细节等。

大特写：又称"细部特写"，指突出头像的局部，或身体、物体的某一细部，如眉毛、眼睛、枪栓、扳机等。

（2）摄影、摄像机的运动（拍摄方式）

推：即推拍、推镜头，指被拍摄体不动，由拍摄机器作向前的运动拍摄，取景范围由大变小，分快推、慢推、猛推，与变焦距推拍存在本质的区别。

拉：被摄体不动，由拍摄机器作向后的拉摄运动，取景范围由小变大，也可分为慢拉、快拉、猛拉。

摇：指摄影、摄像机位置不动，机身依托于三角架上的底盘作上下、左右、旋转等运动，使观众如同站在原地环顾、打量周围的人或事物。

移：又称移动拍摄。从广义说，运动拍摄的各种方式都为移动拍摄。但在通常的意义上，移动拍摄专指把摄影、摄像机安放在运载工具上，沿水平面在移动中拍摄对象。移拍与摇拍结合可以形成摇移拍摄方式。

跟：指跟踪拍摄。跟移是一种，还有跟摇、跟推、跟拉、跟升、跟降等，即将跟摄与拉、摇、移、升、降等20多种拍摄方法结合在一起，同时进行。总之，跟拍的手法灵活多样，它使观众的眼睛始终盯牢在被跟摄人体、物体上。

升：上升摄影、摄像。

降：下降摄影、摄像。

俯：俯拍，常用于宏观地展现环境、场合的整体面貌。

仰：仰拍，常带有高大、庄严的意味。

甩：甩镜头，也即扫摇镜头，指从一个被摄体甩向另一个被摄体，表现急剧的变化，作为场景变换的手段时不露剪辑的痕迹。

悬：悬空拍摄，有时还包括空中拍摄。它有广阔的表现力。

空：亦称空镜头、景物镜头，指没有剧中角色（不管是人还是相关动物）的纯景物镜头。

切：转换镜头的统称。任何一个镜头的剪接，都是一次"切"。

综：指综合拍摄，又称综合镜头。它是将推、拉、摇、移、跟、升、降、俯、仰、旋、甩、悬、空等拍摄方法中的几种结合在一个镜头里进行拍摄。

短：指短镜头。电影一般指30秒（每秒24格）、约合胶片15米以下的镜头；电视30秒（每秒25帧）、约合750帧以下的连续画面。

长：指长镜头。影视都可以界定在30秒以上的连续画面。

对于长、短镜头的区分，世界上尚无公认的"尺度"，上述标准系一般而言。世界上有希区柯克《绳索》中耗时10分钟、长到一本（指一个铁盒装的拷贝）的长镜头，也有短到只有两格、描绘火光炮影的战争片短镜头。

反打：指摄影机、摄像机在拍摄二人场景时的异向拍摄。例如拍摄男女二人对坐交谈，先从一边拍男，再从另一边拍女（近景、特写、半身均可），最后交叉剪辑构成一个完整的片段。

变焦拍摄：摄影、摄像机不动，通过镜头焦距的变化，使远方的人或物清晰可见，

或使近景从清晰到虚化。

　　主观拍摄：又称主观镜头，即表现剧中人的主观视线、视觉的镜头，常有可视化的心理描写的作用。

　　2. 影视的画面处理技巧

　　淡入：又称渐显。指下一段戏的第一个镜头光度由零度逐渐增至正常的强度，有如舞台的"幕启"。

　　淡出：又称渐隐。指上一段戏的最后一个镜头由正常的光度，逐渐变暗到零度，有如舞台的"幕落"。

　　化：又称"溶"，是指前一个画面刚刚消失，第二个画面又同时涌现，二者是在"溶"的状态下，完成画面内容的更替。其用途：①用于时间转换；②表现梦幻、想像、回忆；③表景物变幻莫测，令人目不暇接；④自然承接转场，叙述顺畅、光滑。化的过程通常有三秒钟左右。

　　叠：又称"叠印"，是指前后画面各自并不消失，都有部分"留存"在银幕或荧屏上。它是通过分割画面，表现人物的联系、推动情节的发展等。

　　划：又称"划入划出"。它不同于化、叠，而是以线条或用几何图形，如圆、菱、帘、三角、多角等形状或方式，改变画面内容的一种技巧。如用"圆"的方式又称"圈入圈出"；"帘"又称"帘入帘出"，即像卷帘子一样，使镜头内容发生变化。

　　入画：指角色进入拍摄机器的取景画幅中，可以经由上、下、左、右等多个方向。

　　出画：指角色原在镜头中，由上、下、左、右离开拍摄画面。

　　定格：是指将电影胶片的某一格、电视画面的某一帧，通过技术手段，增加若干格、帧相同的胶片或画面，以达到影像处于静止状态的目的。通常，电影、电视画面的各段都是以定格开始，由静变动，最后以定格结束，由动变静。

　　倒正画面：以银幕或荧屏的横向中心线为轴心，经过180°的翻转，使原来的画面，由倒到正，或由正到倒。

　　翻转画面：是以银幕或荧屏的竖向中心线为轴线，使画面经过180°的翻转而消失，引出下一个镜头。一般表现新与旧、穷与富、喜与悲、今与昔的强烈对比。

　　起幅：指摄影、摄像机开拍的第一个画面。

　　落幅：指摄影、摄像机停机前的最后一个画面。

　　闪回：影视中表现人物内心活动的一种手法。即突然以很短暂的画面插入某一场景，用以表现人物此时此刻的心理活动和感情起伏，手法极其简洁明快。"闪回"的内容一般为过去出现的场景或已经发生的事情。如用于表现人物对未来或即将发生的事情的想像和预感，则称为"前闪"，它同"闪回"统称为"闪念"。

　　蒙太奇：法文montage的音译，原为装配、剪切之意，指将一系列在不同地点、从不同距离和角度、以不同方法拍摄的镜头排列组合起来，是电影创作的主要叙述手段和表现手段之一。它大致可分为"叙事蒙太奇"与"表现蒙太奇"。前者主要以展现事件为宗旨，一般的平行剪接、交叉剪接（又称为平行蒙太奇、交叉蒙太奇）都属此类。"表现蒙太奇"则是为加强艺术表现与情绪感染力，通过"不相关"镜头的相连或内容上的相互对照而产生原本不具有的新内涵。

剪辑：影视制作工序之一，也指担任这一工作的专职人员。影片、电视片拍摄完成后，依照剧情发展和结构的要求，将各个镜头的画面和声带，经过选择、整理和修剪，然后按照蒙太奇原理和最富于艺术效果的顺序组接起来，成为一部内容完整、有艺术感染力的影视作品。剪辑是影视声像素材的分解重组工作，也是摄制过程中的一次再创作。

四、其他名词

前景：镜头中靠近前沿或位于主体前面的人或物。在镜头画面中，用以陪衬主体，或组成戏剧环境的一部分，并增强画面的空间深度，平衡构图和美化画面。

后景：镜头中靠近后边或位于主体后面的人或物。后景在镜头画面中，有时作为表现的主体或陪体，但大多是戏剧环境的组成部分，有时直接构成背景。

中景：处于画面中间的部分。一般主体会出现在中景或前、中景之间的部位。

前景、中景、后景是摄影构图的基本层次，它们可以使画面富于层次感、纵深感。有些画面的层次作了更细致的划分，如斯皮尔伯格《拯救大兵瑞恩》的许多画面构图，可达七八个层次。

内景:也称"棚内景"。指在摄影棚内搭置的场景（包括室内景或户外景）。

外景:摄影棚以外的场景，包括自然环境、生活环境等实景，以及在摄影棚外搭建的室内景。优点是真实、自然，具有生活气息。

摄影棚:专供拍摄影视作品使用的特殊建筑物。较大的摄影棚面积一般在400平方米以上至1000平方米，高度为8米以上。棚内四周有为绘制背景用的天片，装有各种照明设施、音响条件，以及隔音、通风、调节气温、排水等设备。棚内可搭建供拍摄的各种室内外布景。

造型语言:传统意义上指绘画、雕塑等艺术门类用一定的物质材料塑造视觉直观形象的手段和技法的总和。对于影视而言，各种视觉造型艺术的手段和技法（如线条、色彩、光效、影调、构图、透视规律、材料结构、空间处理等）与声音造型诸因素（音量、音色、音调、运动、方位、距离等），共同形成了它们的造型语言体系。

画外音:指影视作品中声音的画外运用，即不是由画面中的人或物体直接发出的声音，而是来自画面外的声音。旁白、独白、解说是画外音的主要形式。音响的画外运用也是画外音的重要形式。画外音使声音摆脱了依附于画面视像的从属地位，强化了影视作品的视听结合功能。

银幕：一种由反射性或半透明的材料制成、其表面可供投射影像的电影放映设备。

宽银幕电影：本世纪50年代兴起的新型电影，采用比标准银幕宽的银幕，可以使观众看到更广阔的景象。目前，最普遍的方法是采用横向压缩画面的变形镜头来拍摄和放映宽银幕影片，使放映画面高宽比由普通银幕电影的1:1.33，变成 1:1.66至1:1.85，故称之为变形宽银幕电影。

遮幅宽银幕电影:也称"假宽银幕电影"，使用35毫米胶片，拍摄和放映时，在摄影机和放映机片窗前加装格框，遮去画幅的上下两边，以压缩画面高度，但不改变画面宽度，能得到与变形宽银幕电影相同的银幕效果。摄制这种宽银幕电影的方法较为简便，已得到广泛采用。

声画同步：也即音画同步，指影视作品中的对白、歌曲和声响与画面动作相一致，声音（包括配音）和画面形象保持同步进行的自然关系。

声画平行：影视作品声画不同步的一种情形，也称声画并行、声画分立，指影视作品中声音与画面所表现的思想感情、人物性格、艺术风格和戏剧性矛盾冲突相互贴近，但速度节奏并不同步，声音与画面各自按照自己的逻辑展开，互相补充，若即若离。其基本特点是声音（尤其是音乐）重复或加强画面的意境、倾向或含义。说明性音乐、渲染性音乐都属于声画平行的音乐。

声画对位：影视作品声画不同步的另一种情形，包括两种艺术处理方式：（1）声画对比。声音与画面的内容和情绪一致，但存在量度、节奏的反差。（2）声画对立。声音与画面的形象和情绪完全相反。

制片人: 英文名称为Producer，一部影片行政上的监督者，地位和负责艺术的导演并驾齐驱。制片人负责为一拍片计划筹措资金、购买电影剧本和延聘导演与其他重要的相关人才,如大卫·塞茨尼克。

3. 数码拍摄常用术语

AF:Auto Focus自动对焦

目前所有的家用摄录影机，都具有此项功能，它是以红外线测距的方式来完成对焦的动作。装置在镜头内下方的一组红外线发射器，当镜头对准目标时，红外线也同时感应到与目标间的距离，同时驱动调焦机构进行对焦动作。

AE:Auto Expose自动曝光效果

内建的自动光圈控制程式，摄影机本身针对不同光线下，自动调校拍摄时所需之光圈大小以配合，拍摄者只需对准目标拍摄即可。

一般可自动手动切换，顺光下以自动模式逆光下可切换成手动调整。

AGC:Auto gain contraol自动亮度增益

当全自动拍摄时，机体内感应到光线不足时，便启动此一装置，以电子式提升画面的亮度。

AWB　(Auto White Balance)自动白平衡

摄影机的白平衡主要是针对不同光源下，CCD校正颜色的依据，一般都设定在自动的位置。有的机种也可针对,如阳光、夕阳、阴天、灯泡做手动的调整。建议平常最好设定在全自动，室内拍摄时如果感觉偏黄，可切换到灯泡位置。

CCD (Charged Coupled Device)　光电荷半导体

它是摄影机的灵魂，镜头聚光后射向三菱镜，将RGB分色后再将三原色交由CCD转换成电子信号，经变频后传送到磁头。

CCD有大小及画素之分，有1/2 、1/3、 1/4寸，画素从27万到67万。体积越小画素需越高，因为CCD小聚光点也小，如果画素密度不够，解像度就差。如1/4寸CCD画素为57万有效画素只有32万。而1/3寸CCD画素为41万有效图素为33万。

Program　AE自动程式曝光

内建的自动拍摄程式，使用时只要切到与拍摄当时相同情境的功能上，摄影机本身即依设计针对不同情境下最佳拍摄模式，自动调校快门速度、光圈以配合，拍摄者只需对准目标拍摄即可。

一般常见有*运动模式*人像模式*夜景模式*舞台模式*等，各厂设计有所不同。

拍照功能：(Photo)就是目前DV普遍具备的数位静止画功能。

片段摄影：一般这项设定运用在拍摄静止的物体或照片，一次片段约五秒，也就是按下录影键后五秒自动暂停录影。

自拍功能：如同一般照相机的十五秒延迟拍摄。

日期时间显示:拍摄时如果要加上日期或时间按下此功能就对了

焦距调整：要手动对焦时按下此功能就可解除自动对焦。

手振补偿：减轻因手持摄影机所产生的画面震动，一般是以电子式补偿，所以会牺牲一些画质，如果用三角架拍摄时请务必解除此功能。

亮度补偿：当自动光圈调整的不理想时，运用此功能可改由手动来调整亮度。

白平衡：也有以色温度来表示，请参照上列AWB项目。

数码放大(digital Zoom)

目前大部份的摄像机都有此功能，一般有两段式的设定如:20倍或100倍，使用时只能选择一使用。

影像播出特效：有些DV有内建影像的特效如:油画、负片、马赛克、格放...等。增添画面更生动有趣，切记勿滥用以免画蛇添足。

画面转换效果：片段与片段间画面的变换特效如: 拉窗帘、上下替换、溶入...等。

项目任务4 《赠汪伦》动画唐诗设计与制作

动画是人类童性的瑰宝，有着无尽想象的空间，是纯粹、朴素又蕴含无尽潜力的艺术，带给我们的震撼不输于诗歌、小说、戏剧或是其他艺术形式的作品，如图4-1、图4-2所示。

图4-1　动画海报

图4-2　动画海报

动画是将静止的画面变为动态的艺术。实现由静止到动态，主要是靠人眼的视觉残留效应。利用人的这种视觉生理特性可制作出具有高度想象力和表现力的动画影片。医学证明人类具有"视觉暂留"的特性，人的眼睛看到一幅画或一个物体后，在0.34秒内不会消失。利用这一原理，在一幅画还没有消失前播放下一幅画，就会给人造成一种流畅的视觉变化效果，如图4-3所示。

图4-3　动画原理图

本章通过学生全程参与《赠汪伦》动画的制作过程，让学生熟练掌握二维动画制作软件Flash CS6的使用方法。

任务描述

豪迈传媒设计公司接到给唐诗《赠汪伦》配电子课件的业务，你是动画部设计员，需要为唐诗《赠汪伦》设计动画效果。要求：人物形象端正大方，场景设计至少4个，要符合诗文情节，动画节奏平稳，色彩搭配协调，画面构图完整。制作周期5天。

（场景：豪迈传媒工作室　人物：项目经理、设计组组长小东）

项目经理：小东，现在有一个二维动画的项目，你来负责，带着你们组的成员将本次项目按时高质完成。

小东：客户有什么基本要求？

项目经理：内容和要求客户已经拟定了，是"《赠汪伦》动画唐诗"；二维动画形式，文件为swf格式，长度为半分钟以内，大小为1MB以内，分辨率为800*600，诗文要带翻译，这些就是客户的基本要求。

小东：什么时候交稿？

项目经理：一周之后刻成DVD交给客户。

小东：好的。麻烦您将客户的联系方式发给我，初稿完成后我先和客户联系，根据客户要求进行必要的修改。

项目经理：好的。

请依照项目一中所示的设计单填写方式，将下面的设计单补全。

豪迈传媒设计公司设计单（样表）

下单日期：　　年　　月　　日　　　　　　　　编号：XAJSXY0004

产品型号：	产品名称：

设计主题：

设计要求：

文件格式：　□JPG　□CDR　　□AI　　□其他 _____

完成时间：□半小时　□小时　　□半天　　□其他 _____

备注：
刻成DVD

业务员：_____　设计师：_____

任务分析

通过前面的任务描述，我们对所要做的任务有了初步的认识，那具体该怎么做呢？

请思考：要完成此任务你应该从哪方面着手？

1.二维动画制作软件有哪些？

_____

_____

_____

2.动画的文件格式都有哪些呢？

_____

_____

SWF格式

SWF是一种Flash动画文件，一般用FLASH软件创作并生成SWF文件格式，SWF格式文件广泛用于创建吸引人的应用程序，它们包含丰富的视频、声音、图形和动画。可以在Flash中创建原始内容或者从其它Adobe应用程序（如Photoshop或Illustrator）导入它们，快速设计简单的动画，以及使用Adobe AcitonScript 3.0开发高级的交互式项目。设计人员和开发人员可使用它来创建演示文稿、应用程序和其它允许用户交互的内容。Flash可以包含简单的动画、视频内容、复杂演示文稿和应用程序以及介于它们之间的任何内容。通常，使用Flash创作的各个内容单元称为应用程序，即使它们可能只是很简单的动画。

分辨率

分辨率，是指单位长度内包含的像素点的数量，它的单位通常为像素/英寸（ppi）。以分辨率为1024×768的屏幕来说，即每一条水平线上包含有1024个像素点，共有768条线，即扫描列数为1024列，行数为768行。

分辨率决定了位图图像细节的精细程度。

图像分辨率（ImageResolution）指图像中存储的信息量。这种分辨率有多种衡量方法，典型的是以每英寸的像素数（PPI，pixel per inch）来衡量。当然也有以每厘米的像素数（PPC，pixel per centimeter）来衡量的。图像分辨率决定了图像输出的质量，图像分辨率和图象尺寸(高宽)的值一起决定了文件的大小，且该值越大图形文件所占用的磁盘空间也就越多。图像分辨率以比例关系影响着文件的大小，即文件大小与其图像分辨率的平方成正比。如果保持图像尺寸不变，将图像分辨率提高一倍，则其文件大小增大为原来的四倍。

通常情况下，图像的分辨率越高，所包含的像素就越多，图像就越清晰，印刷的质量也就越好。同时，它也会增加文件占用的存储空间。

动画分镜头脚本

动画分镜头脚本也叫"动画分镜头台本"也叫"故事板"是动画前期工作的重要环节。

在敲定了文字剧本，人物设定稿、场景设定稿以后，动画导演就要开始分镜头脚本的创作了。它是利用蒙太奇语言将文字剧本（有时是文字脚本）转换成画面的形式，并

配以各种特效、拍摄手法等。

动画分镜头脚本是指导后面所有动画制作人员工作的蓝本。后面所有的制作人员都要严格按照分镜头脚本进行制作。

其中包括镜头号，场景，和时间。有时会加入一些备注。

3. 为什么要编写和绘制分镜头脚本？动画中应该具有哪些元素？

_____

_____

_____

_____

_____

相关知识

《赠汪伦》唐诗解析

李白乘舟将欲行，忽闻岸上踏歌声。

桃花潭水深千尺，不及汪伦赠我情。

《赠汪伦》是唐代伟大诗人李白于泾县（今安徽皖南地区）游历时写给当地好友汪伦的一首赠别诗。诗中首先描绘李白乘舟欲行时，汪伦踏歌赶来送行的情景，十分朴素自然地表达出一位普通村民对诗人那种朴实、真诚的情感。后两句诗人信手拈来，先用"深千尺"赞美桃花潭水的深湛，紧接"不及"两个字笔锋一转，用比较的手法，把无形的情谊化为有形的千尺潭水，形象地表达了汪伦对自己那份真挚深厚的友情。全诗语言清新自然，想象丰富奇特，令人回味无穷。虽仅四句二十八字，却脍炙人口，是李白诗中流传最广的佳作之一。

【译文】

李白坐上小船刚刚要离开，

忽然听到岸上传来告别的歌声。

即使桃花潭水有一千尺那么深，

也不及汪伦送别我的一片情深。

【创作背景】

汪伦是唐朝泾州（今安徽省泾县）人，他生性豪爽，喜欢结交名士，经常仗义疏财，慷慨解囊，一掷千金而不惜。当时，李白在诗坛上名声远扬，汪伦非常钦慕，希望有机会一睹诗仙的风采。可是，泾州名不见经传，自己也是个无名小辈，怎么才能请到大诗人李白呢？

后来，汪伦得到了李白将要到安徽游历的消息，这是难得的一次机会，汪伦决定写信邀请他。那时，所有知道李白的人，都知道他有两大爱好：喝酒和游历，只要有好酒，有美景，李白就会闻风而来。于是汪伦便写了这样一封邀请信："先生好游乎？此地有十里桃花。先生好饮乎？此地有万家酒店。"李白接到这样的信，立刻高高兴兴地赶来了。一见到汪伦，便要去看"十里桃花"和"万家酒店"。汪伦微笑着告诉他说："桃花是我们这里潭水的名字，桃花潭方圆十里，并没有桃花。万家呢，是我们这酒店店主的姓，并不是说有一万家酒店。"李白听了，先是一愣，接着哈哈大笑起来，连说："佩服！佩服！"

汪伦留李白住了好几天，李白在那儿过得非常愉快。因为汪伦的别墅周围，群山环抱，重峦叠嶂。别墅里面，池塘馆舍，清静深幽，像仙境一样。在这里，李白每天饮美酒，吃佳肴，听歌咏，与高朋胜友高谈阔论，一天数宴，常相聚会，往往欢娱达旦。这正是李白喜欢的生活。因此，他对这里的主人不禁产生出相见恨晚的情怀。他曾写过《过汪氏别业二首》，在诗中把他汪伦作为窦子明、浮丘公一样的神仙来加以赞赏。

李白要走的那天，汪伦送给名马八匹、绸缎十捆，派仆人给他送到船上。在家中设宴送别之后，李白登上了停在桃花潭上的小船，船正要离岸，忽然听到一阵歌声。李白回头一看，只见汪伦和许多村民一起在岸上踏步唱歌为自己送行。主人的深情厚谊，古朴的送客形式，使李白十分感动。他立即铺纸研墨，写了那首著名的送别诗给汪伦：李白乘舟将欲行，忽闻岸上踏歌声。桃花潭水深千尺，不及汪伦送我情。这首诗比喻奇妙，并且由于受纯朴民风的影响，李白的这首诗非常质朴平实，更显得情真意切。《赠汪伦》这首诗，使普通村民汪伦的名字流传后世，桃花潭也因此成为游览的胜地。为了纪念李白，村民们在潭的东南岸建起"踏歌岸阁"，至今还吸引着众多游人，如图4-4所示。

图4-4 李白《赠汪伦》插图

卡通人物绘制要点

（1）起草稿

用铅笔在纸上绘画人物的大体，如：动作、面型、五官、头发、四支、人物的透视、衣服制型等等。在这一步要注意用铅笔时不能太大力，否则在纸的铅笔痕对后面的工作会做成一定的影响。

在这一步要求要快，把你的感觉尽快在纸上表现下来。而下一部我们再去进一步细画和修改。对初学者来说，画得不太好没关系的，因为看漫画多画得少的人或多或少都有点眼高手低的毛病。只要多画这个问题就会慢慢消失。

（2）修改/细画

在草稿的基础上，我们把不满意东西进行修改和细画。例如：头发的型态制型、身体和四支进一步修改。眼、耳、口、鼻和手指的细画。

这一步用的时间会长一点，与上一步正好相反。因为，这一步是作品的关键部份。所以你要细心的修改，也是一个很好的练习。

（3）勾线

在纸上勾出黑色的线条。勾线可用的笔有：G笔尖、镝笔尖、圆笔尖等。如果没有以上工具，可以用一般的钢笔或签字笔代替，但出来的当然有点不同。

（4）扫描

把画好的稿子扫描到电脑上，A4大小的纸张，一般用300dpi密度。

（5）电脑上色

扫描好的稿子利用flash软件进行上色和处理。

（6）完成

你认为作品可以了就算是完成了，不过你不太满意的话，可以从电脑中打开再进行修改。

4．常用的矢量图形绘制和编辑软件名称、类型及特点归纳（请学生利用书籍和网络资源完成下表）：

软件名称	类型	功能特点

5．根据上表所示，你认为制作《赠汪伦》动画需要哪些软件参与？为什么？

_____

_____

_____

_____

6．动画配乐

你认为哪些类型的音乐风格比较合适？

_____

_____

_____

_____

任务实施

1.技能准备

本项目的实施主要采用《Adobe Flash Professional CS3》二维动画制作软件。下面先了解下应用软件的基本使用方法：

《Adobe Flash Professional CS3》二维动画制作软件，如图4-5所示。

知 识 链 接

Flash CS6的基础操作的学习，可登录西安技师学院远程教育平台，下载以下课件学习《Flash CS3》、《Flash CS3案例教程》（来源于互联网）。

Flash是一个非常优秀的矢量动画制作软件，它以流式控制技术和矢量技术为核心，制作的动画具有短小精悍的特点，所以被广泛应用于网页动画的设计中，成为当前二维动画设计最为流行的软件之一。

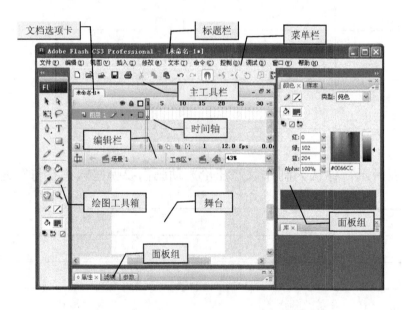

图4-5　Adobe Flash CS3 Professional 软件界面

操作技巧——如果要隐藏开始页，可以单击选择"不再显示"选框，然后在弹出的对话框中单击"确定"按钮。如果要再次显示开始页，可以通过选择"编辑"|"首选参数"命令，打开"首选参数"对话框，然后在"常规"类别中设置"启动时"选项为"欢迎屏幕"即可。

2．分镜头脚本的制作

根据动画内容及特点，可以把动画分为5个场景，即5个分镜头，分别为：

开场场景：唐诗标题动画，作者名称动画；第二场景，第一句诗文及翻译；第三场景，第二句诗文及翻译；第四场景，第三句诗文及翻译；第五场景，第四句诗文及翻译。

步骤一：场景一人物及人物动作绘制

（1）根据人物特点，结合诗文，在纸上用铅笔绘制出人物的大致造型，如图4-6所示。

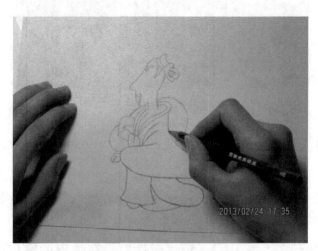

图4-6　绘制人物造型

（2）用黑色签字笔将线条完整的勾勒一遍，如图4-7所示。

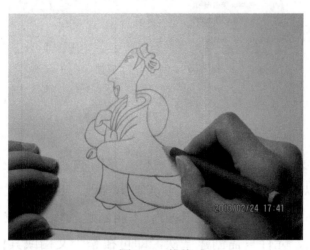

图4-7　描线

（3）用橡皮擦去多余的线条，使人物的轮廓更加清晰，如图4-8所示。

图4-8　擦去线条

（4）将绘制好的人物通过数码相机或扫描仪导入到电脑中，将图片保存为"李白.jpg"。

（5）在flash软件中依次点击"文件 → 导入 → 导入到库"，将"李白.jpg"导入到库中。

（6）在flash中依次点击"插入 → 新建元件"，在弹出的窗口中进行，如图4-9所示的设置然后点击确定按钮。

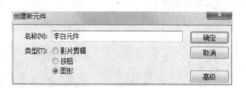

图4-9　创建元件窗口

相 关 知 识

　　FALSH里面有很多时候需要重复使用素材，这时我们就可以把素材转换成元件，或者干脆新建元件，以方便重复使用或者再次编辑修改。也可以把元件理解为原始的素材，通常存放在元件库中。元件必须在Flash中才能创建或转换生成，它有三种形式，即影片剪辑、图形、按钮，元件只需创建一次，即可在整个文档或其他文档中重复使用。

　　图形元件是可以重复使用的静态图像，它是作为一个基本图形来使用的，一般是静止的一副图画，每个图形元件占1帧。

　　按钮元件实际上是一个只有4帧的影片剪辑，但它的时间轴不能播放，只是根据鼠标指针的动作做出简单的响应，并转到相应的帧，通过给舞台上的按钮添加动作语句而实现flash影片强大的交互性。

影片剪辑元件可以理解为电影中的小电影，可以完全独立于场景时间轴，并且可以重复播放。影片剪辑是一小段动画，用在需要有动作的物体上。它在主场景的时间轴上只占1帧，就可以包含所需要的动画，影片剪辑就是动画中的动画。"影片剪辑"必须要进入影片测试里才能观看得到。

在flash里，元件是最终要进行表演的演员，而它所在的库就相当于演员的休息室，场景是演员要进行表演的最终舞台。

（7）将李白扫描图从库拖入到舞台上，如图4-10所示。

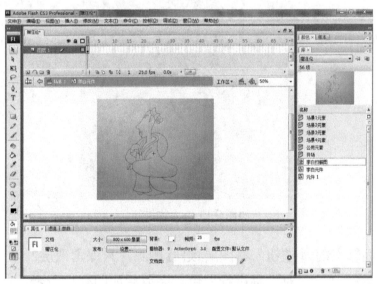

图4-10　舞台操作窗口

（8）点击插入图层按钮，新建一个图层，如图4-11所示

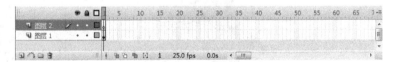

如图4-11　新建图层

（9）点击锁定图层按钮，将图层1进行锁定，如图4-12所示。

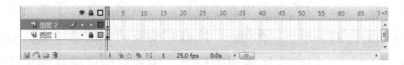

如图4-12　锁定图层

（10）现在就可以进行描线操作了，描线主要是在图层2上完成，参照图层1上的李白扫描图来进行，通过工具栏中的 ＼ 按钮和 ▶ 按钮共同来完成。参考扫描图用 ＼ 来绘制直线，用 ▶ 按钮来使直线变成弧线。完成后如图4-13所示。

如图4-13　人物描线

（11）点击时间轴上的 🗑 按钮，将图层1进行删除，只保留图层2。

（12）通过工具栏上的 ⬥ 对人物进行上色，完成后如图4-14所示。

图4-14　人物上色

　　操作技巧——窗口中矩形区域为"舞台"，默认情况下，它的背景是白色。将来导出的动画只显示矩形舞台区域内的对象，舞台外灰色区域内的对象不会显示出来。也就是说，动画"演员"必须在舞台上演出才能被观众看到。

　　步骤二：场景一背景和相关元素的绘制

　　（1）绘制以下元件，如图4-15、4-16所示。

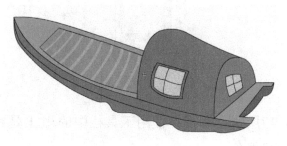

图4-15　小船造型

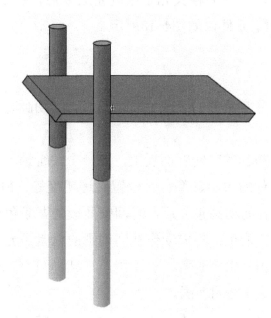

图4-16　桥头造型

　　（2）制作边框，用来输入诗文，效果如图4-17所示。

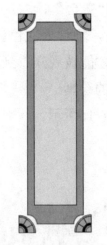

图4-17　　边框造型

操作技巧——如图4-17所示，图形要使用工具栏中的▢工具和◯工具配合完成。

步骤三：人物补间动画制作

通过补间动画，制作李白人物移动的动画效果。

（1）人物和背景以及场景一的相关元素绘制完成以后，就要来制作人物动画。创建名称为"场景1动画"的图形元件，如图4-18所示。

相关知识

补间动画也是Flash中非常重要的表现手段之一，补间动画有动作补间动画与形状补间动画两种。

动作补间动画是指在Flash的时间帧面板上，在一个关键帧上放置一个元件，然后在另一个关键帧改变这个元件的大小、颜色、位置、透明度等，Flash将自动根据二者之间帧的值创建动画。动作补间动画建立后，时间帧面板的背景色变为淡紫色，在起始帧和结束帧之间有一个长长的箭头；构成动作补间动画的元素是元件，包括影片剪辑、图形元件、按钮、文字、位图、组合等等，但不能是形状，只有把形状组合（Ctrl+G）或者转换成元件后才可以做动作补间动画。

形状补间动画是在Flash的时间帧面板上，在一个关键帧上绘制一个形状，然后在另一个关键帧上更改该形状或绘制另一个形状等，Flash将自动根据二者之间的帧的值或形状来创建的动画，它可以实现两个图形之间颜色、形状、大小、位置的相互变化。形状补间动画建立后，时间帧面板的背景色变为淡绿色，在起始帧和结束帧之间也有一个长长的箭头；构成形状补间动画的元素多为用鼠标或压感笔绘制出的形状，而不能是图形元件、按钮、文字等，如果要使用图形元件、按钮、文字，则必先打散（Ctrl+B）后才可以做形状补间动画。

（2）将船、桥头等元素从库中放置在舞台中，并调整其位置，如图4-19所示。

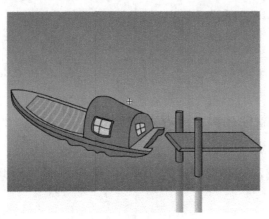

图4-19　调整船与桥头位置

（3）通过点击□插入图层按钮在时间轴上新建一个图层，并将名称更改为"李白动画"。

（4）在时间轴的第50帧的位置点击鼠标左键然后按键盘上的F6键在第50帧的位置插入一个关键帧，并将库中的李白元件放入到舞台上，如图4-20所示。

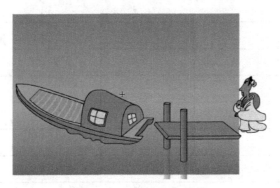

图4-20　摆放李白元件

（5）选中"李白动画"图层的第200帧，按键盘上的F6键插入关键帧，然后将舞台上的李白移动到，如图4-21所示位置。

图4-21　移动李白元件

（6）然后选中第50帧至第200帧中的任意一帧，点击鼠标右键，在弹出的菜单中选择"创建补间动画"，如图4-22所示。

图4-22　创建补间动画

（7）拖动时间滑块，就能在舞台上看到动画效果了。

步骤四：场景二至场景四的制作

场景一已经制作完成，请你参照以上方法，制作场景二至场景四，同时请你将制作过程记录下来。

场景二的制作，可参考图4-23所示。

制作过程：＿＿＿＿＿＿＿＿＿＿＿＿＿＿＿＿＿＿＿＿＿＿＿＿＿＿＿＿＿＿＿＿＿＿

＿＿＿

＿＿＿

＿＿＿

＿＿＿

＿＿＿

＿＿＿

＿＿＿

＿＿＿

＿＿＿

图4-23　场景二效果图

场景三的制作，可参考图4-24所示。

制作过程：_____

_____

_____

_____

_____

_____

_____

_____

_____

_____

_____

图4-24　场景三效果图

场景四的制作，可参考图4-25所示。

制作过程：_____

_____

_____

_____

_____

_____

_____

_____

_____

图4-25　场景四效果图

步骤五：给动画添加音乐（修改动画音乐属性）

首先把所选音乐导入到Flash的【库】面板里，然后根据具体情况对音乐进行编辑处理。

（1）导入声音:首先把一段音乐导入到【库】面板。然后按[Ctrl＋L]键打开【库】，把【库】里的音乐格式拖拽到舞台上。这时，在时间轴的帧上，音乐文件只是一条短直线。在时间轴的100帧处(可随意，主要由音乐的长短来决定在哪里)按(F5)键将帧延长，然后按(Enter)键试听音乐，如果音乐没有播放完毕，继续按(F5)键延长帧，直到音乐结束为止。

操作技巧——可以在导入文件的窗口中查看Flash支持的音频和视频的类型。

（2）按【Ctrl十F3】键打开【属性】面板，单击时间轴上的音轨，在【属性】面板里修改声音的同步类型，在【同步】项选择"数据流"，在【声音循环】项选择"重复"，把【循环次数】值设定为"1"。注:声音【同步】项中"事件"与"数据流"两种方式的区别。

事件:选择"事件"形式时，声音必须全部加载到计算机上才能播放。所以在用Flash制作较长的MV时，声音一般采取"数据流"形式。声音文件被某关键帧开始调用后，便会从头到尾播放，直到该关键帧作用区域结束为止。

数据流:声音边下载边播放，只要数据流声音所属的关键帧作用范围结束，声音便停止。设定重复播放时，影片会储存指定长度的声音，增加文件大小，而且在影片其他地方不能重复使用这个声音。

（3）编辑声音:选中声音所在的帧，在【属性】面板中单击【编辑】按钮，弹出【编辑封套】对话框。单击波形图中的直线段可添加控制点，控制点越靠近中间轴，声音音量越小。也可以从对话框中的【效果】下拉列表中选择预设的效果。右击【库】面板中的声音文件，弹出右键菜单，选择【属性】命令。在弹出的【声音属性】对话框中可设置压缩模式、播放频率及输出品质。

操作技巧——如果声音文件很大，可以进行自定义压缩，一般选择默认的品质即可。

步骤六：动画的保存与发布

动画全部制作完成后，要进行动画的保存与发布。

动画的保存

依次点击菜单栏中的"文件　保存"就能对动画进行保存，保存文件的后缀名为fla。

动画的发布

动画的发布是指将制作好的动画生成可以用于播放的文件格式，通过flash软件自带的动画发布功能可以生成gif，swf等格式，

（1）依次点击菜单栏上的"文件—发布设置"就能打开flash的动画发布设置，如图4-26所示。

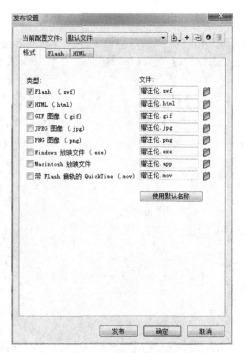

图4-26　发布设置窗口

 小提示：

随着Flash软件版本的不断升级，Flash的功能越来越强大，应用领域也越来越广泛。Flash在动画设计、网络横幅广告、网站制作、游戏制作、电子贺卡、手机彩信、多媒体课件、电影特效等领域有较为广泛的应用。它是动画设计师、广告设计师、网站设计师、网站工程师、游戏工程师、多媒体设计师、网络课件设计师等从业者必须掌握的软件。

训练提高

李白作为中国古代最著名的诗人之一，有很多千古流传的诗歌，《静夜思》也是其中一首，以《静夜思》诗歌为内容，制作flash动画并写出制作步骤如图4-27所示。

_____

_____

_____

_____

_____

_____

_____

图4-27　静夜思效果图

操作技巧——在"参数"面板和"组件检查器"面板都可以对组件的参数进行设置。但是"组件检查器"面板的功能更强大，参数范围更完整。一般情况下，在"参数"面板中设置组件常用的参数。有一些参数可能必须在"组件检查器"面板中设置。

知识总结

1.自我总结

本次任务中你学到了什么知识和技能：_____

_____

你最拿手的是哪方面的技能：_____

_____

哪些技能是需要继续练习提高的：_____

_____

2.本课内容总结

本课主要通过"动画唐诗"设计与制作过程的学习，让学生掌握动画设计制作软件FLASH简单的使用方法和使用技能。使学生能够熟练掌握二维动画的整个制作流程，掌握二维动画当中的各种镜头的表现方法和每个工作部门的具体职责要求及基本的制作方法以及重点的原画技法等知识。培养学生将以往的各个类别的二维知识进行有顺序的串联，同时引导学生收集资料、撰写剧本，根据剧本和分镜头的具体要求，结合以往学习过程中的动画知识进行二维动画短片的独立创作。

知识拓展

1. 动画基础知识

世界上最原始的动画可以追溯到1831年，当时法国人约瑟夫·安东尼·普拉特奥（Joseph Antoine Plateau）在一个可以转动的圆盘上按照顺序画了一些图片。当圆盘旋转时，人们看到圆盘上的图片动了起来。

1909年，美国人Winsor McCay用一万张图片表现一段动画故事，这是迄今为止世界上公认的第一部真正的动画短片。

从20世纪60年代起，计算机动画技术逐渐发展起来。美国的Bell实验室和一些研究机构开始研究用计算机实现动画片中间画面的制作和自动上色。

20世纪70～80年代，计算机图形、图像技术和软件、硬件技术都取得了显著的发展，使计算机动画技术也日趋成熟。

目前，计算机动画技术已经发展成为一个多种学科和技术交叉的综合领域。它以计算机图形学为基础，涉及图像处理技术、运动控制原理、视频技术、艺术甚至于视觉心理学、生物学、人工智能等多个领域。

2.中国动画的发展

中国美术电影诞生于20世纪20年代初，在上海由"万氏兄弟"拍摄了中国最早的一批动画片，其中影响较大的是长片《铁扇公主》。40年代初，钱家骏等在重庆摄制了动画短片《农家乐》。

新中国美术电影开始于1947年，在东北解放区兴山镇先后拍摄了新中国第一部木偶片《皇帝梦》和动画片《瓮中捉鳖》。

1957年建立了上海美术电影制片厂，从建组时十几人发展到200多人。前后有一批著名的艺术家、文学家参加了这一工作，其中有万籁鸣、万古蟾、万超尘、钱家骏、金近等。此后，上海成为美术电影发展繁荣的基地。

1957年至1966年是美术电影鼎盛时期，美术片的艺术特点得到充分发挥，民族风格日臻完美和成熟，拍出了一批至今仍然是中国美术电影历史上最优秀的作品，在国内外场誉鹊起。

1958年增添了一个新的品种——剪纸片，第一部作品《猪八戒吃西瓜》一举成功。 1960年创造了水墨动画片，把典雅的中国水墨画与动画电影相结合，形成了最有中国特色的艺术风格。《小蝌蚪找妈妈》和《牧笛》这两部水墨动画片，以其优美的画面和诗的意境，使动画艺术进入到更高的审美境界，这是动画史上的一个创举。

1966年到1976年，由于"文化革命"的影响，美术电影的发展几乎停滞不前。 1977年中国美术电影开始恢复创作生产，到1984年的8年时间里，共拍摄了100多部影片。从此，美术电影又进入了一个再繁荣的新时期。

1979年为庆祝建国30年而拍摄制了《哪吒闹海》。

1983年的《天书奇谭》、1986-1987年的《葫芦兄弟》、1984-1987年的《黑猫警长》、1979-1988年的《阿凡提的故事》、1989-1992年的《舒克和贝塔》、1990-1994年的《魔方大厦》等，都是非常精彩的动画。

2010制作的《喜羊羊与灰太狼》，在中国动画发展史上绝对有着里程碑式的意义。

《大闹天宫》——中国风格的顶峰之作。1964年的《大闹天宫》是我国第一部彩色动画长片，由几十位画家历时4年，绘制15万4千多帧图画而成，该片放映时间117分钟。影片问世以来，受到各界高度赞扬，并获得国内外各种奖项5项，已经在44个国家和地区放映，创下我国动画片出口的最高记录。影片的导演万籁鸣在现代动画电影史中的地位，通过该片得到国际性的承认。

水墨动画：《小蝌蚪找妈妈》和《牧笛》这两部水墨动画片问世后，受到国内外一致赞美，把水墨动画发挥到了顶峰。

《渔童》、《济公斗蟋蟀》和《人参娃娃》，是剪纸动画的代表作品。

《阿凡提的故事》是木偶动画杰作。

3.计算机动画术语

帧——就是动画中最小单位的单幅影像画面，相当于电影胶片上的每一格镜头。在动画软件的时间轴上帧表现为一格或一个标记。关键帧——相当于二维动画中的原画。指角色或者物体运动或变化中的关键动作所处的那一帧。关键帧与关键帧之间的动画可以由软件来创建，叫做过渡帧或者中间帧。

（1）帧、关键帧和空白关键帧的概念

帧——是进行Flash动画制作的最基本的单位，每一个精彩的flash动画都是由很多个精心雕琢的帧构成的，在时间轴上的每一帧都可以包含需要显示的所有内容，包括图形、声音、各种素材和其他多种对象。

关键帧——顾名思义，有关键内容的帧。用来定义动画变化、更改状态的帧，即编辑舞台上存在实例对象并可对其进行编辑的帧。

空白关键帧——空白关键帧是没有包含舞台上的实例内容的关键帧。

普通帧——在时间轴上能显示实例对象，但不能对实例对象进行编辑操作的帧。

（2）帧、关键帧和空白关键帧的区别

关键帧在时间轴上显示为实心的圆点，空白关键帧在时间轴上显示为空心的圆点，普

通帧在时间轴上显示为灰色填充的小方格。

同一层中，在前一个关键帧的后面任一帧处插入关键帧，是复制前一个关键帧上的对象，并可对其进行编辑操作；如果插入普通帧，是延续前一个关键帧上的内容，不可对其进行编辑操作；插入空白关键帧，可清除该帧后面的延续内容，可以在空白关键帧上添加新的实例对象。

关键帧和空白关键帧上都可以添加帧动作脚本，普通帧上则不能。

（3）帧、关键帧和空白关键帧的作用

帧是对关键帧时候的形态的时间延长，让物体保持同一状态更长时间；

关键帧就是当你需要物体运动或变化的时候需要用到的，第一个关键帧是物体的开始状态，而第二个关键帧就是物体的结束状态，而中间的补间的帧就是物体有第一个关键帧到第二个关键帧的变化过程；

空白关键帧就是舞台什么东西都没有，在做物体出现消失的时候很有用，如果需要他在中间什么时候消失就可以在中间想对的时间轴上插如空白关键帧。

（4）在应用中需要注意的问题

应尽可能的节约关键帧的使用，以减小动画文件的体积；

尽量避免在同一帧处过多的使用关键帧，以减小动画运行的负担，使画面播放流畅。

4.Flash常用快捷键

（1）工具栏

箭头工具【V】　　　　部分选取工具【A】

线条工具【N】　　　　套索工具【L】

钢笔工具【P】　　　　文本工具【T】

椭圆工具【O】　　　　矩形工具【R】

铅笔工具【Y】　　　　画笔工具【B】

任意变形工具【Q】　　填充变形工具【F】

墨水瓶工具【S】　　　颜料桶工具【K】

滴管工具【I】　　　　橡皮擦工具【E】

手形工具【H】　　　　缩放工具【Z】,【M】

（2）菜单命令类

新建FLASH文件【Ctrl】+【N】　　　　打开FLA文件【Ctrl】+【O】

作为库打开【Ctrl】+【Shift】+【O】　关闭【Ctrl】+【W】

保存【Ctrl】+【S】　　　　　　另存为【Ctrl】+【Shift】+【S】

导入【Ctrl】+【R】　　　　　　导出影片【Ctrl】+【Shift】+【Alt】+【S】

发布设置【Ctrl】+【Shift】+【F12】　发布预览【Ctrl】+【F12】

发布【Shift】+【F12】　　　　打印【Ctrl】+【P】

退出FLASH【Ctrl】+【Q】　　　　撤消命令【Ctrl】+【Z】

剪切到剪贴板【Ctrl】+【X】　　　拷贝到剪贴板【Ctrl】+【C】

粘贴剪贴板内容【Ctrl】+【V】　　粘贴到当前位置【Ctrl】+【Shift】+【V】

清除【退格】　　　　　复制所选内容【Ctrl】+【D】

全部选取【Ctrl】+【A】　　　取消全选【Ctrl】+【Shift】+【A】

剪切帧【Ctrl】+【Alt】+【X】　　拷贝帧【Ctrl】+【Alt】+【C】

粘贴帧【Ctrl】+【Alt】+【V】　　清除贴【Alt】+【退格】

选择所有帧【Ctrl】+【Alt】+【A】　编辑元件【Ctrl】+【E】

首选参数【Ctrl】+【U】　　　　转到第一个【HOME】

转到前一个【PGUP】　　　　转到下一个【PGDN】

转到最后一个【END】　　　　放大视图【Ctrl】+【+】

缩小视图【Ctrl】+【-】　　　　100%显示【Ctrl】+【1】

缩放到帧大小【Ctrl】+【2】　　　全部显示【Ctrl】+【3】

按轮廓显示【Ctrl】+【Shift】+【Alt】+【O】

高速显示【Ctrl】+【Shift】+【Alt】+【F】

消除锯齿显示【Ctrl】+【Shift】+【Alt】+【A】

消除文字锯齿【Ctrl】+【Shift】+【Alt】+【T】

显示隐藏时间轴【Ctrl】+【Alt】+【T】

显示隐藏工作区以外部分【Ctrl】+【Shift】+【W】

显示隐藏标尺【Ctrl】+【Shift】+【Alt】+【R】

显示隐藏网格【Ctrl】+【'】

对齐网格【Ctrl】+【Shift】+【'】

编辑网络【Ctrl】+【Alt】+【G】

显示隐藏辅助线【Ctrl】+【;】

锁定辅助线【Ctrl】+【Alt】+【;】

对齐辅助线【Ctrl】+【Shift】+【;】

编辑辅助线【Ctrl】+【Shift】+【Alt】+【G】

对齐对象【Ctrl】+【Shift】+【/】

显示形状提示【Ctrl】+【Alt】+【H】

显示隐藏边缘【Ctrl】+【H】

显示隐藏面板【F4】

转换为元件【F8】

新建元件【Ctrl】+【F8】

新建空白贴【F5】

新建关键贴【F6】

删除贴【Shift】+【F5】

删除关键帧【Shift】+【F6】

显示隐藏场景工具栏【Shift】+【F2】

修改文档属性【Ctrl】+【J】

优化【Ctrl】+【Shift】+【Alt】+【C】

添加形状提示【Ctrl】+【Shift】+【H】

缩放与旋转【Ctrl】+【Alt】+【S】

顺时针旋转90度【Ctrl】+【Shift】+【9】

逆时针旋转90度【Ctrl】+【Shift】+【7】

取消变形【Ctrl】+【Shift】+【Z】

移至顶层【Ctrl】+【Shift】+【↑】

上移一层【Ctrl】+【↑】

下移一层【Ctrl】+【↓】

移至底层【Ctrl】+【Shift】+【↓】

锁定【Ctrl】+【Alt】+【L】

解除全部锁定【Ctrl】+【Shift】+【Alt】+【L】

左对齐【Ctrl】+【Alt】+【1】

水平居中【Ctrl】+【Alt】+【2】

右对齐【Ctrl】+【Alt】+【3】

顶对齐【Ctrl】+【Alt】+【4】

垂直居中【Ctrl】+【Alt】+【5】

底对齐【Ctrl】+【Alt】+【6】

按宽度均匀分布【Ctrl】+【Alt】+【7】

按高度均匀分布【Ctrl】+【Alt】+【9】

设为相同宽度【Ctrl】+【Shift】+【Alt】+【7】

设为相同高度【Ctrl】+【Shift】+【Alt】+【9】

相对舞台分布【Ctrl】+【Alt】+【8】

转换为关键帧【F6】

转换为空白关键帧【F7】

组合【Ctrl】+【G】

取消组合【Ctrl】+【Shift】+【G】

打散分离对象【Ctrl】+【B】

分散到图层【Ctrl】+【Shift】+【D】

字体样式设置为正常【Ctrl】+【Shift】+【P】

字体样式设置为粗体【Ctrl】+【Shift】+【B】

字体样式设置为斜体【Ctrl】+【Shift】+【I】

文本左对齐【Ctrl】+【Shift】+【L】

文本居中对齐【Ctrl】+【Shift】+【C】

文本右对齐【Ctrl】+【Shift】+【R】

文本两端对齐【Ctrl】+【Shift】+【J】

增加文本间距【Ctrl】+【Alt】+【→】

减小文本间距【Ctrl】+【Alt】+【←】

重置文本间距【Ctrl】+【Alt】+【↑】

播放停止动画【回车】

后退【Ctrl】+【Alt】+【R】

单步向前【>】单步向后【<】

测试影片【Ctrl】+【回车】

调试影片【Ctrl】+【Shift】+【回车】

测试场景【Ctrl】+【Alt】+【回车】

启用简单按钮【Ctrl】+【Alt】+【B】

新建窗口【Ctrl】+【Alt】+【N】

显示隐藏工具面板【Ctrl】+【F2】

显示隐藏时间轴【Ctrl】+【Alt】+【T】

显示隐藏属性面板【Ctrl】+【F3】

显示隐藏解答面板【Ctrl】+【F1】

显示隐藏对齐面板【Ctrl】+【K】

显示隐藏混色器面板【Shift】+【F9】

显示隐藏颜色样本面板【Ctrl】+【F9】

显示隐藏信息面板【Ctrl】+【I】

显示隐藏场景面板【Shift】+【F2】

显示隐藏变形面板【Ctrl】+【T】

显示隐藏动作面板【F9】

显示隐藏调试器面板【Shift】+【F4】

显示隐藏影版浏览器【Alt】+【F3】

显示隐藏脚本参考【Shift】+【F1】

显示隐藏输出面板【F2】

显示隐藏辅助功能面板【Alt】+【F2】

显示隐藏组件面板【Ctrl】+【F7】

显示隐藏组件参数面板【Alt】+【F7】

显示隐藏库面板【F11】

多媒体作品综合设计与制作

项目任务5 唐诗《赠汪伦》电子课件设计与制作

课件（courseware）是根据教学大纲的要求，经过教学目标确定，教学内容和任务分析，教学活动结构及界面设计等环节，而加以制作的课程软件。它与课程内容有着直接联系，如图5-1所示。

图5-1 课件首页

课件实质是一种软件，是在一定的学习理论指导下，根据教学目标设计的、反映某种教学策略和教学内容的计算机软件。课件的基本模式有练习型、指导型、咨询型、模拟型、游戏型、问题求解型、发现学习型等。无论哪种类型的课件，都是教学内容与教学处理策略两大类信息的有机结合。

课件的作用：

①向学习者提示的各种教学信息；

②用于对学习过程进行诊断、评价和学习引导的各种信息和信息处理；

③为了提高学习积极性，制造学习动机，用于强化学习刺激的学习评价信息；

④用于更新学习数据、实现学习过程控制的教学策略和学习过程的控制方法。

多媒体课件是根据教学大纲的要求和教学的需要，经过严格的教学设计，并以多种媒体的表现方式和超文本结构制作而成的课程软件。多媒体课件简单来说就是老师用来辅助教学的工具，创作人员根据自己的创意，先从总体上对信息进行分类组织，然后把文字、图形、图象、声音、动画、影像等多种媒体素材在时间和空间两方面进行集成，使他们融为一体并赋予它们以交互特性，从而制作出各种精彩纷呈的多媒体应用软件产品。多媒体课件的制作通常由编写课件脚本、界面设计、程序和发布等过程组成。本项目通过实际操作来帮助学生完成一个多媒体课件的创作，如图5-2所示。

图5-2　课件界面设计

任务描述　来了解以一下任务吧！

　　豪迈传媒设计公司接到一单电子课件设计业务，为小学语文唐诗《赠汪伦》配电子课件。课件板块有唐诗朗读、作者生平、生字词、背景故事、诗文分析、练习巩固等；课件功能要实现人机交互、操作简单；设计要求：人物形象端正大方，配乐以舒缓民乐为主，配音旁白为男声、女声、童声各一遍，色彩要淡雅，要体现江边送别的环境和意境，适当配上动画增加课件趣味性。公司业务部已经与客户签订合同，业务周期1周。公司现要求设计部在5天内完成电子课件的设计和样稿制作，以保证此单业务顺利交付。

　　（场景：豪迈传媒工作室。人物：项目经理、设计组组长秦奋）

　　项目经理：秦奋，现在有一个项目，是给唐诗《赠汪伦》配课件，由你们组来负责完成这个项目。

　　秦奋：哦，好的。那客户有什么具体要求吗？

　　项目经理：具体要求在项目资料里，你组织你的小组成员仔细分析。尽快拿出一个策划方案。

　　秦奋：经理，设计周期是几天呢？

　　项目经理：整个项目需要一周时间，但是给你们只有5天。今天下午之前必须拿出策划方案，经过公司策划总监审核后才能实施，所以留给你们的时间可不多啊。

　　秦奋：时间是比较紧，但是我们有信心完成。

　　项目经理：有什么问题需要解决，请及时提出来。

　　秦奋：前几天小东那个组刚刚做了一个唐诗《赠汪伦》Flash动画，我们可以把他们做的动画用在课件里吗？这样就能省出一些时间了。

项目经理：这个要跟那个项目的客户联系，需要征得客户的同意才可以，因为会有知识产权等方面的问题。我现在就打电话联系。

电话沟通中……

项目经理：秦奋，告诉你个好消息。小东的那个客户同意了我们的请求，可以把动画用在课件中。

秦奋：太好了，我马上召集我的组员，讨论项目方案。

 小提示：

只有大家有了明确的目标才叫沟通。沟通结束以后一定要形成一个双方或者多方都共同承认的一个协议，只有形成了这个协议才叫做完成了一次沟通。沟通的内容不仅仅是信息还包括着更加重要的思想和情感。

我们在工作和生活中，都采用两种不同的沟通模式，通过这两种不同模式的沟通可以把沟通的三个内容即信息、思想和情感传递给对方，并达成协议。沟通的两种方式：语言的沟通和肢体语言的沟通，语言更擅长沟通的是信息，肢体语言更善于沟通的是人与人之间的思想和情感。

我们在工作和生活的过程中，常把单向的通知当成了沟通。你在与别人沟通的过程中是否是一方说而另一方听，这样的效果非常不好，换句话说，只有双向的才叫做沟通，任何单向的都不叫沟通。

请依照项目一中所示的设计单填写方式，将下面的设计单补全。

豪迈传媒设计公司设计单（样表）

下单日期： 年 月 日   编号：XAJSXY0005

产品型号：	产品名称：
设计主题：	

续表

设计要求：			
文件格式： □JPG □CDR □AI □其他 _____			
完成时间：□半小时 □小时 □半天 □其他 _____			
备注： 　刻成DVD			
业务员：_____　设计师：_____			

任务分析

通过前面的任务描述，我们对所要做的任务有了初步的认识，那具体该怎么做呢？

请思考：要完成此任务作应该从哪方面着手？

1.课件制作软件有哪些？

_____

_____

_____

_____

2.多媒体课件设计的基本流程都有那些呢？

_____

_____

_____

_____

3.多媒体课件的类型和特点？

_____
_____
_____
_____
_____
_____

4.请根据任务描述，制定本项目的策划方案

_____
_____
_____
_____
_____
_____
_____
_____
_____
_____
_____

5.完成本项目都需要哪些基础素材，请你完成表5-1。

表5-1　课件素材信息表

序号	素材类型	获取方式	使用软件	制作整理人	预计耗时	备注
1	文字	网络下载、课本	Word、浏览器、下载工具	张三	3小时	例

相关知识

1. 策划方案的编写

策划方案，是策划成果的表现形态，通常以文字或图文为载体，策划方案起于提案者的初始念头，终结于方案实施者的手头参考，其目的是将策划思路与内容客观地、清晰地、生动地呈现出来，并高效地指导实践行动。

按照其不同用途与所突出的内容，将策划方案分为三个阶段的形态，即客户提案（Business Proposal）、可行性方案（Feasibility Report）和执行方案(Action Program)，分述如下：

（1）提案阶段

客户提案（Business Proposal），也称"策划提案"，是初步构思、建议的阶段，也是策划方案获得客户、上级部门或其它对象认可的第一步工作。在这个工作中，提案者通过简单的书面沟通，传递大致的建议内容，并希望获得提案对象的肯定性回复，以便于深入地开展策划工作，进入可行性方案设计阶段。魏涛先生将该阶段的策划提案分为两个方向，即"向客户的提案"和"向内部组织的提案"。

①向目标客户提案

向目标客户的提案，在商业服务业务中应用较多，例如服务机构向客户提供"工业工程设计提案"、"政府项目规划设计提案"、"广告设计及媒体发布提案"等，一般具有业务联络、服务产品推广的性质。

该阶段的提案者既希望策划周详的构思、策略及内容打动客户，但又担心被客户拒绝而无功而返，所以，中小企业一般使用通用的格式，称为"客户提案范本"，范本内容多是格式化、套路化的表述，不提供个性化和详尽化阐述。客户提案范本多以纸质文本和电子文本为形式，通过《建议书》、《提案》向客户阐述业务建议。

②向内部组织提案

向内部组织的提案，在政府、企业机构内部应用较多，例如信息办公室向企业负责人提交的"公司办公自动化升级改善提案"， 人力资源部与营销部门共同向总经理提交的"年度新晋员工及考评提案"等。

该类提案类别广泛且趋于格式化，不刻意讲求创意，多是把提议的意义、可行性、基本思路和收效预估阐述清楚合理即可。该类提案的模板、范本网络流传颇多，在有关写作类、文秘类网站都可以下载，略加修改便可应用。

随着社会对提案者的要求越来越高，对通用范本的同质化排斥心理越来越强烈，所以在一些高级别、高难度项目中，普通的方案范本、网络下载的模板便失去效力。

多数公司的提案者并非专业策划人员，提案也显得千篇一律、缺乏创新，对提案前的调研、总结、分析，提案中的文字修辞、格式表达和对提案对象的心理揣摩技巧水平较弱。

（2）可行阶段

可行性方案(The Feasibility Report)，是策划工作进入可行性研究、分析阶段，以书面报告形式出具的策划成果，也是策划流程的第二的步骤。一般来看，"可行性"是任何方案提议者和提议对象所期待的目标。

可行性方案在客户提案获得认可后，对提案目标及内容的详尽阐释，可行性方案大致包括以下几个方面：

①提案概述（简介、目标、立意及有关信息）

②环境分析（外部宏观环境和内部微观环境）

③组织关系建立的选择与分析

④运营方式的选择分析

⑤运营周期、阶段计划等可行性分析6、收益预估（财务数据、无形资产收益及其它）

框架科学合理、见解独到、功效显著的可行性方案将是客户提案的升华。视策划内容的不同，可行性方案的篇幅也由数千字至数万字不等，其主要表现形式一般为"图文报告"加"摘要式PPT（或视频）"。除了文本，由讲述人对可行性方案的生动讲解，也是非常重要的一个方面。

对于不拥有专业策划人员或仅具备一般水平策划人员的企业来说，可行性方案的策划、撰写是个颇大的难题，从网上下载的范本更是无济于事。值得一提的是，在客户提案（Business Proposal）中，对提案的成功起到气氛烘托、促进的客户分析工具、多媒体技术的应用，亦为提案者必须掌握的技能和十分重点的工作。

（3）执行阶段

执行方案(Action Program)是策划工作经过了客户提案阶段，可行性方案获得一致肯定后，进入立项 实施阶段的方案表述。执行方案与前两者所不同的是，其具有非常强烈的计划性和实务性，即十分具体地交代了工作的步骤、样式，并对总体目标进行了逐一分解，是方案实施的唯一参考书。

相对于客户提案、可行性方案，执行方案把策划的重心放在了"如何高效实施"上，它既要避免内容过于理论性而不得以具体应用，又要避免形式平淡而无新意，更重要的是，它还将企业相应的考评制度、营销模式及管理章程融入其中，要将方案的意义执行的方法灌输给每一个执行人。

可以说执行方案是完全个性化的，不具有通用性，同一个企业在不同的时间、地点所采用的执行路径也是不同的，所以，设计执行方案必须是针对性的。

另外策划方案还包括书评方案等。

2.课件脚本

脚本设计是制作课件的重要环节，需要对教学内容的选择、结构的布局、视听形象的表现、人机界面的形式、解说词的撰写、音响和配乐的手段等进行周密的考虑和细致的安排。教师利用丰富的教学经验，运用教育学理论和恰当的教学方法，着手编写脚本。

它的作用相当于影视剧本。

从多媒体课件的开发制作看，脚本的创作通常分为两步进行：

◆第一步是文字脚本的创作，文字脚本是由教师自行编写而成的。编写文字脚本时，应根据主题的需要，按照教学内容的联系和教育对象的学习规律，对有关画面和声音材料分出轻重主次，合理地进行安排和组织，以完善教学内容；

◆第二步是编辑脚本的编写，编辑脚本是在文字脚本的基础上创作的，它不是直接地、简单地将文字脚本形象化，而是要在吃透了文字脚本的基础上，进一步的引申和发展，根据多媒体表现语言的特点反复构思。

3.多媒体课件的应用领域

它主要具体应用在以下几个方面：

（1）科技研究

当前许多高校都在积极研究虚拟现实技术及其应用，并相继建起了虚拟现实与系统仿真的研究室，将科研成果迅速转化实用技术，如北京航天航空大学在分布式飞行模拟方面的应用；浙江大学在建筑方面进行虚拟规划、虚拟设计的应用；哈尔滨工业大学在人机交互方面的应用；清华大学对临场感的研究等都颇具特色。有的研究室甚至已经具备独立承接大型虚拟现实项目的实力。 虚拟学习环境虚拟现实技术能够为学生提供生动、逼真的学习环境，如建造人体模型、电脑太空旅行、化合物分子结构显示等，在广泛的科目领域提供无限的虚拟体验，从而加速和巩固学生学习知识的过程。亲身去经历、亲身去感受比空洞抽象的说教更具说服力，主动地去交互与被动的灌输，有本质的差别。 虚拟实验利用虚拟现实技术，可以建立各种虚拟实验室，如地理、物理、化学、生物实验室等等，拥有传统实验室难以比拟的优势：

①节省成本通常我们由于设备、场地、经费等硬件的限制。许多实验都无法进行。而利用虚拟现实系统，学生足不出户便可以做各种实验，获得与真实实验一样的体会。

在保证教学效果的前提下，极大的节省了成本。

②规避风险真实实验或操作往往会带来各种危险，利用虚拟现实技术进行虚拟实验，学生在虚拟实验环境中，可以放心地去做各种危险的实验。例如：虚拟的飞机驾驶教学系统，可免除学员操作失误而造成飞机坠毁的严重事故。

③打破空间、时间的限制利用虚拟现实技术，可以彻底打破时间与空间的限制。大到宇宙天体，小至原子粒子，学生都可以进入这些物体的内部进行观察。一些需要几十年甚至上百年才能观察的变化过程，通过虚拟现实技术，可以在很短的时间内呈现给学生观察。例如，生物中的孟德尔遗传定律，用果蝇做实验往往要几个月的时间，而虚拟技术在一堂课内就可以实现。

（2）虚拟实训基地

利用虚拟现实技术建立起来的虚拟实训基地，其"设备"与"部件"多是虚拟的，可以根据随时生成新的设备。教学内容可以不断更新，使实践训练及时跟上技术的发展。同时，虚拟现实的沉浸性和交互性，使学生能够在虚拟的学习环境中扮演一个角色，全身心地投入到学习环境中去，这非常有利于学生的技能训练。包括军事作战技能、外科手术技能、教学技能、体育技能、汽车驾驶技能、果树栽培技、电器维修技能等各种职业技能的训练，由于虚拟的训练系统无任何危险，学生可以不厌其烦地反复练习，直至掌握操作技能为止。例如：在虚拟的飞机驾驶训练系统中，学员可以反复操作控制设备，学习在各种天气情况下驾驶飞机起飞、降落，通过反复训练，达到熟练掌握驾驶技术的目的。

（3）虚拟校园

教育部在一系列相关的文件中，多次涉及到了虚拟校园，阐明了虚拟校园的地位和作用。虚拟校园也是虚拟现实技术在教育培训中最早的具体应用，它由浅至深有三个应用层面，分别适应学校不同程度的需求：简单的虚拟校园环境供游客浏览 基于教学、教务、校园生活，功能相对完整的三维可视化虚拟校园以学员为中心，加入一系列人性化的功能，以虚拟现实技术作为远程教育基础平台。虚拟远程教育，虚拟现实可为高校扩大招生后设置的分校和远程教育教学点提供可移动的电子教学场所，通过交互式远程教学的课程目录和网站，由局域网工具作校园网站的链接，可对各个终端提供开放性的、远距离的持续教育，还可为社会提供新技术和高等职业培训的机会，创造更大的经济效益与社会效益。随着虚拟现实技术的不断发展和完善，以及硬件设备价格的不断降低，我们相信，虚拟现实技术以其自身强大的教学优势和潜力，将会逐渐受到教育工作者的重视和青睐，最终在教育培训领域广泛应用并发挥其重要作用。

任务实施

1.技能准备

本项目的实施主要采用《Director 11.5》多媒体制作软件对相关素材进行处理、整合、发布、应用。在第一个项目中同学们运用Director制作了一个电子相册，掌握了一些Director简单的操作。要完成本项目还需要对Director有更深入的了解，掌握更多的操作技能。

知识链接

Director 11的更多学习，可登录西安技师学院远程教育平台，下载以下课件学习《Director 11视频教程》、《Director 11案例教程》。

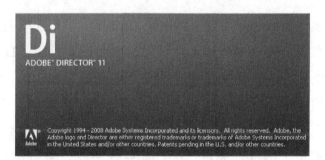

图5-3　Director 11.5启动界面

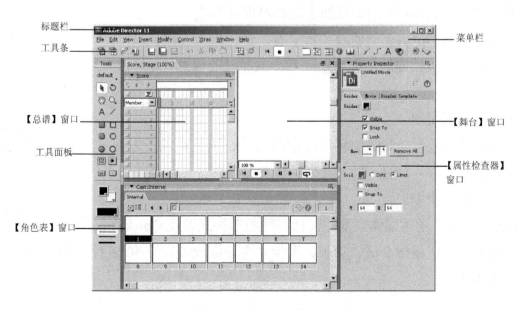

图5-4　Director工作界面

相关知识

1.Director的优点

Director是美国Adobe公司开发的一款软件，主要用于多媒体项目的集成开发。广泛应用于多媒体光盘、教学/汇报课件、触摸屏软件、网络电影、网络交互式多媒体查询系统、企业多媒体形象展示、游戏和屏幕保护等的开发制作。

与其他的创作工具相比，Director更加专业、功能更加强大：在国外，Director应用更广泛，对Director的描述我们还是引用Macromedia自己的话比较确切："Direcror 是创建与交付功能强大的Internet,CD-ROMs与DVD-ROMs多媒体的工业标准。相对于简单的图片和文字，Director提供唯一足够强大的工具来释放你的创意，它整合图形、声音、动画、文本和视频来生成引人注目的内容。

2.Director的适用者

①动画设计师使用 Director 制作动画作品，并以流媒体的形式在网络上发布或者使用光盘发布作品。

②网络开发人员使用 Director 为自己的网页添加音乐、交互或者数据处理能力。

③游戏和娱乐开发人员使用 Director 开发单机版游戏，并以 CD 或者 DVD-ROM 的作为媒介发布自己的作品，或者开发多用户的在线游戏。

④教育工作者使用 Director 制作多媒体课件（教师用）或者学件（学生用），提高教学效果。

⑤软件开发人员使用 Director 为自己的作品制作教学，直到用户如何使用自己开发的软件，或者是指导用户完成安装过程。

⑥商人使用 Director 创建幻灯演示或者培训材料。

⑦艺术家使用 Director 创建数字艺术品。

⑧展览布置人员创建触摸屏为参观者提供即时的信息。

3.Director特点

（1）界面方面易用

Director 提供了专业的编辑环境，高级的调试工具，以及方便好用的属性面板，使得 Director 的操作简单方便，大大提高了开发的效率。

（2）支持媒体类型

Director 支持广泛的媒体类型，包括多种图形格式以及 QuickTime 、 AVI 、 MP3 、WAV 、 AIFF 、高级图像合成、动画、同步和声音播放效果等40多种媒体类型。

（3）脚本工具

（4）独有的三维空间

利用 Director 独有的 Shockwave 3D 引擎，可以轻松的创建互动的三维空间，制作交互的三维游戏，提供引人入胜的用户体验，让你的网站或作品更具吸引力。

（5）创建方便可用的程序

Director 可以创建方便使用的软件，特别是对于伤残人士。利用 Director 可以实现键盘导航功能和语音朗读功能，无须使用专门的朗读软件。

（6）多种环境

只需一次性创作，就可将 Director 作品运行于多种环境之下。你可以发布在 CD，DVD 上，也可以以 Shockwave 的形式发布在网络平台上。同时，Director 支持多操作系统，包括 Windows 和 Mac OS X。无论用户使用什么样的系统平台，都可以方便的浏览 Director 作品。

（7）可扩展性强

Director 采用了 Xtra 体系结构，因而消除了其它多媒体开发工具的限制。使用 Director 的扩展功能，可以为 Director 添加无限的自定义特性和功能。例如，可以在 Director 内部访问和控制其它的应用程序。目前有众多的第三方公司为 Director 开发出各种功能各异的插件。

（8）内存管理能力

Director 出色的内存管理能力，使得它能够快速处理长为几分钟或几小时的视频文件，为最终用户提供流畅的播放速度。

2．内容脚本确定

（1）编写课件脚本

课件脚本是将课件的教学内容、教学策略进一步细化，它是课件编制的直接依据，在整个多媒体设计、开发过程中起着至关重要的作用。因此，编写一个好的课件脚本将是多媒体课件制作成功的必不可少的基石。

《赠汪伦》多媒体教学课件的脚本如下：

课件教学目标等信息的描述

课件题目	赠汪伦	创作思路	（略）
教学目标	（略）	内容简介	（略）
创作平台	DIRECTOR	配合软件	PHOTOSHOP、FLASH 等

内容结构

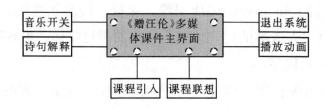

（2）主界面

主界面将以卷轴展开的形式将观众带回诗词歌赋兴盛的唐朝，让观众感受中国古代文字的美。表现形式上主要以图片、文字导航和动画为主，设计上体现中国古代风格。

主界面上设置有功能按钮，有助于用户更加容易操作、浏览多媒体中的各项内容。主要包括音乐开关、诗句解释、课程引入、课程联想、播放动画和退出系统6个功能按钮。这些按钮的功能分别如下：

音乐开关——为了使多媒体适应不同的环境下使用，对背景音乐进行开、关的控制。

诗句解释——向观众解释诗词的含义。

课程引入——为观众解说李白作诗的情景。

课程联想——为观众解读创作的时代背景和轶事。

播放动画——播放动画并向观众范读诗词。

退出系统——单击按钮，退出多媒体的浏览。

主界面——按钮分布图

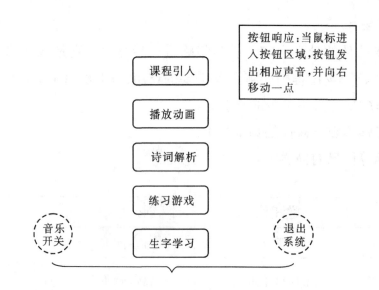

次界面——按钮分布图（公共部分）

按钮响应：当鼠标进入按钮区域，
按钮提示相应文字，并变换底色

每个次界面都有"返回"按钮，返回主界面。按钮响应：当鼠标进入按钮区域，按钮提示相应文字，并变换底色。

返回

音乐
开关

退出
系统

游戏界面——按钮公布图

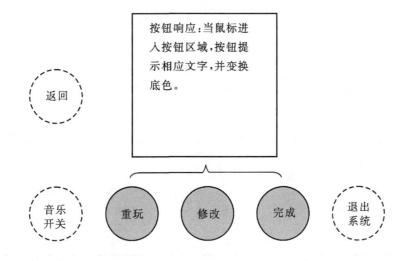

播放动画界面——按钮分布图

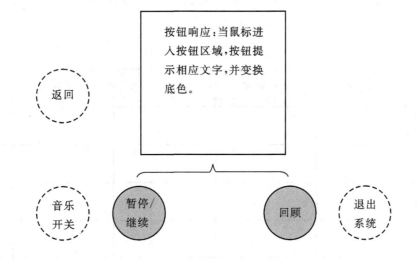

请结合上文所述，设计一个属于你自己的课件脚本吧！

界面1:
界面2:
界面3:
界面4:

3．素材搜索整理

（1）根据表5-1确定的课件素材，网络上进行搜集。

（2）依据素材类型建立文件夹，对相关素材进行分类整理，填入表5-2便于制作时使用。

表5-2　课件素材统计表

课件素材名称	素材类型	文件数量	大小MB	对应处理软件	文件格式

小提示：

准备相应素材依据稿本内容，搜集所需的名词解释、图片、动画、视频等素材。在素材准备阶段还要准备好界面所需的图片，要保留设计界面所用的psd文件，保存分层信息，以备在界面改动时所用。有些界面上的元素还需要分层输出，如按钮等。

4.编辑制作

步骤一：在菜单栏中选择【File(文件)】→【New(新建)】→【Movie(电影)】命令，新建一个空白的Director文档。在菜单栏中选择【Window(窗口)】→【Property Inspector(属性检查器)】命令，打开【Property Inspector(属性检查器)】窗口。选择【movie(电影)】选项卡，将舞台大小设置为"800×600"，背景颜色设置为"黑色"。在菜单栏中选择【Window(窗口)】→【Cast(角色表)】命令，打开角【Cast(角色表)】窗口，选择第一个空白的窗口，右击，在弹出的右键快捷菜单中选择【Import(导入)】命令，选择演员素材以及背景音乐，然后单击【Import(导入)】按钮，导入素材。

操作技巧——Director导入素材需要把握的几个环节

对于导入图片psd格式如出现斜杠，一般是PhotoCaster.x32插件没有注册的问题，中文版8.0的注册码是00AWZ0；英文版8.5的注册码是015KL0。

对于导入Flash文件swf格式如出现不能播放的问题，一般是Flash版本过高的问题，在保存时可设置成Flash 6.0或7.0。

对于导入视频文件，以前没有找到插件时，往往导入mov或avi格式文件，这无形增大了文件，如果打包后没有相应的QuickTime播放器可能还会出现不能播放的问题，现在只要将MPEGADVANCE.X32插件拷入安装目录的Xtras文件夹下即可导入mpg格式的文件了，解决了文件过大的问题。

如果出场效果不丰富，可以在网上找到例如DmXtremePack.x32、DmPack1.x32等插件，就可拥有丰富的出场效果了。

步骤二：选择角色表中的background角色，将其拖到舞台中，使其与舞台位置一致。重复上述步骤依次将title、logo和office演员拖拽到【Score(总谱)】窗口中，并调整4个精灵的帧长度以及起始帧的位置。在特效通道中转场效果的第二帧处双击，打开【Frame Properties：Transition(帧属性：转场)】对话框，选择一个转场特效【Dissolve,Bits(溶解,少量)】。将角色表中的声音拖拽到总谱窗口的第一个声音通道，并调整其长度。

步骤三：在总谱窗口中帧脚本的第15帧位置双击，打开帧脚本编辑窗口，添加Lingo语言go to frame，使得电影能够实现交互的功能。在舞台上面选择background，右击，在弹出的右键快捷菜单中选择【Script(脚本)】命令，为其添加精灵脚本go to "2"，实现点击

background图片时，电影跳转到第二个部分的功能，完成的第一部分最终演示效果。

步骤四：下面来做第二个部分内容，首先在第20帧的位置添加标记，标记名称为2。重复步骤"选择角色表中的background角色，将其拖到舞台中，使其与舞台位置一致"，将角色拖拽到舞台上面。选择【Vector Shape(矢量图形)】命令创建一个矢量图形作为挡板，实现热区的交互响应，将矢量图形拖拽到舞台每个栏目的上面。

步骤五：选中矢量图形，打开【Property Inspector(属性检查器)】窗口，将混合值调整为0，使其透明，并右击，在弹出的右键快捷菜单中选择【Script(脚本)】命令，添加Lingo语言。为每一部分创建热区，总谱窗口效果。完成的第二部分舞台效果。

步骤六：下面来做第三部分第一小节工作环境简介。首先在第30帧的位置创建标记为3-1。重复第(4)步，将background2拖拽到舞台上面，并将帧的长度拉长。在菜单栏中选择【Window(窗口)】→【Text(文本)】命令创建文本内容，并将其拖拽到编排表中第30帧的位置，调整其长度为6帧。双击特效通道中的速度通道第35帧处，打开【Frame Properties：Tempo(帧属性：瞬时)】对话框，点选【Wait for Mouse Click or Key Press(等待单击鼠标或按任意键)】单选钮，实现鼠标等待的功能，通过抓屏软件抓一张界面，并导入到角色表中，将其拖拽到舞台上面，将其起始帧放置于第37帧处。通过【Vector(矢量)】命令创建一个红色的边框，作为重点提示的边框，并将其拖拽到舞台上相应的位置。

步骤七：为了实现红色边框闪动的效果，每隔5帧处放置一个红色的边框，总谱窗口编排效果。创建两个演员，一个是文字演员，一个是舞台窗口。在总谱窗口中选择gzhj演员的第70帧和77帧，右击，在弹出的右键快捷菜单中选择【Insert Keyframe(插入关键帧)】命令分别插入一个关键帧。并将77帧处的关键帧混合值设置为10%，使其实现一个虚化的动画。将抓屏的舞台演员拖拽到舞台相应的位置，使其与上舞台的位置重合。调整其帧长度为70帧到85帧。

步骤八：将文字放置于总谱窗口的第70帧到85帧处，并在第77帧处右击，添加一个关键帧用来设置动画。设置文字的动画为从左到右，并实现淡出的效果，最终完成的第三部分第一小节效果。

这样一个带有动画效果的交互式多媒体课件一个小节的内容就制作完成了。

训练提高

还剩下几个小节内容的制作，可以重复以上方法继续进行制作，请你将制作过程记录下来，参考案例见图5-5、图5-6：

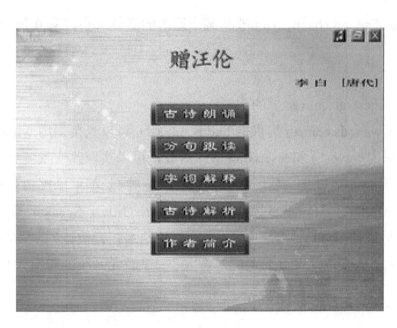

图5-5　主界面设计

图5-6　次界面设计

操作技巧——Director 中有下面几种方法控制声音音量的大小。

1.the soundlevel

改变这个值，就可以改变 director 里面的音量大小。从 0 到 7 。（0 最小，7 最大）
如：the soundlevel =3

2.the volume of sound channelNum改变某个通道的音量大小，从 0 到 255如：sound(2).
volume=24

3. xtra

（1）www.updatestage.com 提供的 bkmixer xtra。

（2）http://www.mods.com.au 提供的 buddy api xtra, 可以直接调用 window api函数。里面有 baGetVolume(\"wave\") 和basetvolume () 函数，可以实现改变系统音量大小的功能。值的一提的是，该 xtra 可以免费使用两个函数。这两种xtra都可以控制音量控制面板上面显示的各项，如 Master、CD、Wave、Midi、LineIn、Mic、Speaker 等。

三种方法的区别： 上面3种方法中 1、2 不能控制系统音量。1 改变的是 director 整个环境声音的大小；2 改变的是某个通道的声音大小；3 改变系统的音量大小。

知识总结

1.自我总结

本次任务中你学到了什么知识和技能：_____

_____

你最拿手的是哪方面的技能：＿＿＿＿＿＿＿＿＿＿＿＿＿＿＿

＿＿＿＿＿＿＿＿＿＿＿＿＿＿＿＿＿＿＿＿＿＿＿＿＿＿＿＿＿

哪些技能是需要继续练习提高的：＿＿＿＿＿＿＿＿＿＿＿＿＿＿＿

＿＿＿＿＿＿＿＿＿＿＿＿＿＿＿＿＿＿＿＿＿＿＿＿＿＿＿＿＿

知识拓展

1.Director应用技巧

（1）设置movie以适应屏幕大小

A：使用如下script：

```
on preparemovie
(the stage).rect=(the desktoprectlist).[1]
(the stage).drawrect=(the desktoprectlist).[1]
End
```

（2）带阴影效果的text

field可以作出阴影效果，但在field中应用中文容易死机，我们可以用一个text member但多个sprite，各sprite位置稍稍错开，并适当设置其blend即可。灵活使用之可以得到动态的和彩色的阴影。缺点是数量过多会拖累速度。

（3）中文菜单

可以用installmenu的标准方法生成中文菜单，但字体、字号设置全部无效。

（4）filmloop播放问题

在一帧内判断一个filmloop播放完毕，再继续播放下一帧。

frame script中含有以下代码，以实现"定格\\"：

```
on exitframe me
go the frame
end
```

再把以下behavior拖到filmloop sprite即可：

```
on exitframe me
--但用prepareframe不行?!
tell sprite(me.spriteNum)
if the frame = the lastframe then
ploopcnt = 1
end if
```

（5）filmloop的控制

以下behavior的功能是用于一个filmloop sprite,点击暂停，再次点击则继续。

```
property ppause,pframe

on beginsprite me

ppause=false

pframe=1

end

on mouseup me

ppause=not ppause

if ppause then

tell sprite(me.spriteNum) to pframe=the frame

end if

end

on exitframe me

if ppause then

if pframe=1 then

tell sprite(me.spriteNum) to go to the lastframe

else

tell sprite(me.spriteNum) to go to pframe-1

end if

end if

end
```

由此我们也可以知道，我们无法使filmloop的播放速度快于movie，但可以用上法的变通来减慢它。

补充说明：tell sprite...用法类似tell window，但尚未见于正式文档，我使用至今，尚未见其出错。

```
end tell
```

（6）无人值守的情况

A：无论此时计算机是否有打开的程序或窗口，使用下面的lingo语句可直接关机:（仅限于projector)

open "c:\\windows\\rundll.exeuser.exe,exitwindows"

若要重新启动计算机，

改为 "c:\\windows\\rundll.exeuser.exe ,exitwindowsexec"

当然在实际的projector中不能直接用''c:\\windows''，而要用fileio的

getosdirectory()等函数先获得系统相应目录。

（7）动态地改为Director内置图标

最常用和简单的方法是对于一个sprite，施与以下behavior：

on beginsprite me

sprite(me.spriteNum).cursor=280 --手形光标

end

一般的光标设置以上一句就够了，更具个性化的光标设置这里不谈了。

（8）事件发生的顺序

prepareMovie

beginsprite for frame 1

stepFrame for frame 1

prepareframe for frame 1

startMovie

enterFrame for frmae 1

exitfrmae for frame 1

beginsprite for next frame

（9）设置搜索路径

A：实际上，在prepareMovie前，所用到的cast及相关的member包括其链接关系都应作好准备。

所以不可在movie内为自身设置搜索路径。一般在stub player中设置searchpath为佳。

2. 课件的制作工具

（1）PowerPoint

微软公司出品的制作幻灯片的软件，此软件制作的电子文稿广泛地应用于学术报告，会议等场所，用本软件制作课件也是目前中学老师最常用的手段，就此软件来说，他的优点是做课件比较方便，不用多学，很容易上手，制作的课件可以在网上通过IE来进行演示文稿的播放；但就其功能来说就相对差了一点，图片、视频、文字资料的展示制作较为方便，很容易起到资料展示的作用，但是如果要达到交互方面较好的效果那就比较繁琐，完全可以做到按钮、区域交互。由于office软件具有一定的普遍性，所以powerpoint课件的使用一般也不需要进行打包等处理，只是需要注意易机使用时的音、视频文件的路径如图5-7所示。

图5-7　PowerPoint启动界面

（2）Authorware

Authorware是Macromedia公司推出的多媒体开发工具，由于它们具有强大的创作能力、简便的用户界面及良好的可扩展性，所以深为广大用户的欢迎，成为应用最广泛的多媒体开发工具，一度被誉为多媒体大师，现在的版本已经发展到7.0，用户比较多，广泛用于多媒体光盘制作等领域，教师用此软件来进行课件制作的人数也比较多。此软件的主要特点是：Authorware是基于图标（Icon）和流线（Line）的多媒体创作工具，具有丰富的交互方式及大量的系统变量的函数、跨平台的体系结构、高效的多媒体集成环境和标准的应用程序接口等。可用于制作网页和在线学习应用软件。如果变量函数用得好的话，可以用它来开发一些小的应用软件。它的交互比较强大，就是不会编程也可以做出一些交互好的课件。唯一让人感到不好的地方就是做起动画来比较困难，如果不借助其它的软件，做一些好的动画来说是根本不可能的（毕竟不是专业的动画制作软件），虽然有很多插件，但打包以后还要带着走，所以对于制作一些生活有趣的课件有一些困难。另一个就是打包后的文件比较大，不利用传播。如图5-8所示。

图5-8　Authorware启动界面

（3）FLASH

Flash是由Macromedia公司推出的交互式矢量图和 Web 动画的标准，由Adobe公司收购。用在互联网上动态的、可互动的shockwave。它的优点是体积小，可边下载边播放，这样就避免了用户长时间的等待。FLASH可以用其生成动画，还可在网页中加入声音。这样你就能生成多媒体的图形和界面，而使文件的体积却很小。FLASH虽然不可以象一门语言一样进行编程，但用其内置的语句并结合JAVASCRIPE，您也可作出互动性很强的主页来。FLASH另外一个特点就是必须安装插件PLUG-IN，才能被浏览器所接受！当然这也避免了浏览器之间的差异，使之一视同仁！有人曾经说过：下个世纪的网络设计人不会用FLASH，必将被淘汰出局！我相信这句话没错！（因为我们学它，所以我多讲一些了）。

FLASH的特点：

①使用矢量图形和流式播放技术。与位图图形不同的是，矢量图形可以任意缩放尺寸而不影响图形的质量；流式播放技术使得动画可以边播放边下载，从而缓解了网页浏览者焦急等待的情绪。

②通过使用关键帧和图符使得所生成的动画(.swf)文件非常小，几K字节的动画文件已经可以实现许多令人心动的动画效果，用在网页设计上不仅可以使网页更加生动，而且小巧玲珑下载迅速，使得动画可以在打开网页很短的时间里就得以播放。

③把音乐，动画，声效，交互方式融合在一起，越来越多的人已经把Flash作为网页动画设计的首选工具，并且创作出了许多令人叹为观止的动画(电影)效果。而且在Flash4.0的版本中已经可以支持MP3的音乐格式，这使得加入音乐的动画文件也能保持小巧的'身材'。

④强大的动画编辑功能使得设计者可以随心所欲地设计出高品质的动画，通过ACTION和FS COMMAND可以实现交互性，使Flash具有更大的设计自由度，另外，它与当今最流行的网页设计工具Dreamweaver配合默契，可以直接嵌入网页的任一位置，非常方便。

总之：Flash做动画非常漂亮，你是知道的；也看过的，做交互非常多，你用过的，也玩过的（FLASH游戏等）；做网页非常酷，现在你感觉得到，将来你会看到很多；做课件非常小，而且生动、交互好、文件小、利于网络传播等。

项目任务6 《魅力西安》电子杂志设计与制作

　　杂志（Magazine）在我们的生活中司空见惯，是有固定刊名，以期、卷、号或年、月为序，定期或不定期连续出版的印刷读物。它根据一定的编辑方针，将众多作者的作品汇集成册出版如图6-1、图6-2所示。

图6-1　中国国家地理杂志　　　　　　　　　　图6-2　汽车杂志

　　电子杂志，又称网络杂志、互动杂志。目前已经进入第三代，以flash为主要载体独立于网站存在。电子杂志是一种非常好的媒体表现形式，它兼具了平面与互联网两者的特点，且融入了图像，文字，声音、视频、游戏等相互动态结合来呈现给读者，此外，还有超链接、及时互动等网络元素，是一种很享受的阅读方式。电子杂志延展性强，未来可移植到PDA、MOBILE、MP4、PSP及TV（数字电视、机顶盒）等多种个人终端进行阅读，如图6-3、图6-4所示。

图6-3　旅游电子杂志

图6-4　时尚电子杂志

　　现在的电子杂志在形式上保留了纸质杂志的封面、目录、封底，甚至做出了中折痕以及翻页效果，更让人惊叹的是，它们融入了声音、图像、动画、视频等手段，让杂志的可视性、交互性达到前所未有的高度。相对于传统纸质杂志，可谓"青出于蓝而胜于蓝"。

　　目前比较流行的各种纸质杂志都有电子杂志，名人和普通人也纷纷开始制作自己的电子杂志。各大电子杂志服务商也闻风而动，努力迎合用户需求，各类专门针对电子杂志制作的工具软件也纷纷上市。电子杂志市场一派繁荣。

　　　来了解一下任务吧！

　　豪迈传媒设计公司接到一单电子杂志设计业务，命名为《魅力西安》。该电子杂志主要以介绍西安的历史文化、饮食娱乐、风土人情等内容，主要投放在可交互媒体上，用指尖去点击，让更多的人关注、了解、喜爱西安。客户要求在半个月内完成。

　　（模拟场景：豪迈传媒设计公司；人物：项目经理王朝、设计部长小东、策划部秦奋、制作部艾西）。

　　项目经理王朝：公司刚刚签订一旦业务，是以介绍西安为主题的电子杂志，客户已经定好名字了，就叫《魅力西安》。李总也对这个项目很感兴趣，让我召集三个部门联合开发这个项目。

　　设计部小东：客户在内容有什么特定要求吗？

　　项目经理王朝：主要是以介绍西安的历史文化、饮食娱乐、风土人情等内容。

　　策划部秦奋：那客户想应用在什么环境呢？

　　项目经理王朝：根据客户的描述，应该是想投放在移动终端、互联网和一些固定的可交互媒体。

　　制作部艾西：王经理，我想知道，客户对《魅力西安》在整个营销包装和页码数量上有什么要求吗？

　　项目经理王朝：哦，艾西，这个问题我现在还不能回答你，客户没有对此提出什么要求和想法。我建议咱们先拿出一个方案来，让客户来决定。

　　设计部小东：这个项目能给我们多上时间呢？

　　项目经理王朝：总时间为半个月，有问题吗？

　　设计部小东：时间有点紧了。

　　策划部秦奋：是的，我们需要马上开始准备。

　　制作部艾西：我们把任务分配一下吧。

　　项目经理王朝：好的，现在做下分工。策划部负责项目方案和文案、制作部负责素材收集整理和包装、设计部负责设计和测试、项目部负责媒体投放。请各部门说一下工作计划。

　　策划部秦奋：我们策划部在两日内完成项目策划方案，通过客户确认之后，在一个工作日内完大体文案设计，根据设计部的进度和效果，逐步细化完善细节文案。

　　制作部艾西：素材的搜集工作即可开始，并随着设计部的工作进度，随时提供需要的素材，在设计部完成美工设计后，我们会在三个工作日内完成后期合成、程序设计等工作。

　　设计部小东：设计部将协同策划部做好该项目的策划工作，五日内完成页面的美工设计工作，留出一至两天进行测试修改。

项目经理王朝：好的，那就这样，辛苦大家了，拜托了！

小提示：

在遇到大项目的时候，往往需要多部门的合作才能完成，为了能顺利完成任务，就需要了解团队伙伴能力，知道彼此应该干什么。而且一定要相信团队伙伴，该他做的事你千万不要自己做。同时彼此充分沟通，保持统一的观念。积极表达彼此的观点，并努力修正统一。在小型的电子杂志设计团队中，通常包括：策划编辑、美术设计人员、Flash设计人员和程序员等。通过明确的分工，在技能上能形成互补，从而形成一个高效的设计团队。

我们已经非常清楚的了解了项目任务要求，请你将下面的设计单填写完整吧。

豪迈传媒设计公司设计单（样表）

下单日期： 年 月 日 编号：XAJSXY0006

产品型号：	产品名称：
设计主题：	
设计要求：	
文件格式： □JPG □CDR □AI □其他 _____	
完成时间：□半小时 □小时 □半天 □其他 _____	
备注： 刻成DVD	
业务员：_____ 设计师：_____	

任务分析

通过前面的任务描述，我们对所要做的任务有了初步的了解，那具体该怎么做呢？

在这个项目中，客户确定了项目名称《魅力西安》，也指出了需要表现的内容，但是并未确定设计风格、表现形式、色彩基调等设计元素，首先要对整体设计有一个明确的方案，统一思想、确定方向，其他工作才能有效。

1.确定设计方案

西安的历史文化、饮食娱乐、风土人情，每个方面都有讲不完的故事。请你类型找出最能体现西安魅力的内容：_____

_____

_____

_____

请你为西安设计几句宣传语：_____

_____

_____

2.收集素材

要完成《魅力西安》电子杂志这个项目都需要哪些素材呢？

_____

_____

_____

_____

3.设计步骤

要完成一个电子杂志需要按照一定的步骤去设计，请将下面的设计步骤填写完整：第一步，前期整体策划；第二步，元素设计（封面、_____、目录、_____、_____）；第三步，添加音乐、动画和视频等；第四步，后期合成发布。

4.制作电子杂志需要哪些设计软件？分别的作用是什么？（面对五花八门的电子读物制作工具，到底该选择哪一款软件呢？请你罗列出可能会用到的软件名称）

_____

_____

_____

相关知识

（1）杂志形成于罢工、罢课或战争中的宣传小册子，这种类似于报纸注重时效的手册，兼顾了更加详尽的评论。所以一种新的媒体随着这样特殊的原因就产生了。

最早出版的杂志是于1665年1月在阿姆斯特丹由法国人萨罗（Denys de Sallo）出版的《学者杂志》（Le Journal des Savants）。

1703年，伦敦出版了第一种介于报纸和杂志之间的定期刊物，发行者是《鲁宾逊漂流记》的作者丹尼·笛福。刊物名叫《评论》，篇幅为四小页，共发行九年。

美国最早发行的杂志是佛兰克林的《美洲杂志》和《将军杂志》，都是模仿英国杂志的月刊，同在1741年1月出版。

中国最早的杂志为德国汉学家郭实腊1833年7月在广州创办的《东西洋考每月统记传》。发行时间延续5年多，版式采用中国传统书本样式，刊期使用清代皇帝年号纪年。

在最初，杂志和报纸的形式差不多，极易混淆。后来，报纸逐渐趋向于刊载有时间性的新闻，杂志则专刊小说、游记和娱乐性文章，在内容的区别上越来越明显，在形式上，报纸的版面越来越大，为三到五英尺，对折，而杂志则经装订，加封面，成了书的形式。此后，杂志和报纸在人们的观念中才具体地分开。

马克思在《新莱茵报·政治经济评论》出版启事中指出，与报纸相比，杂志的优点是"它能够更广泛地研究各种事件，只谈最主要的问题。杂志可以详细地科学地研究作为整个政治运动的基础的经济关系"。

按内容分：可将杂志分为综合性期刊与专业性期刊两大类。

按学科分，可将杂志分为社科期刊、科技期刊、普及期刊等三大类。

而社科期刊中，又可分成新闻类、文艺类、理论类、评论类等；

科技期刊可分成理科类、工科类、天地生化类等；

而普及期刊可分成知识类、娱乐类、科普类等。

对于新闻类、理科类等又可一步步地分下去。

按时间分，可将杂志分为周刊、半月刊、月刊、双月刊、季刊、半年刊、年刊等。

按读者对象分，可将杂志分为儿童杂志、青年杂志、高校杂志、少年杂志、妇女杂志、老人杂志、工人杂志、农民杂志、干部杂志、知识分子杂志、军人杂志等。

按文种分，可将杂志分为中文杂志、英文杂志、日文杂志、俄文杂志等，以及满、蒙、藏、维吾尔等我国少数民族文字杂志。

按开本分，可分为大16开、16开、大32开、小32开等。

按发行范围分，可分为内部发行、国内公开发行、国内外公开发行等。

按发行方式分，可分为邮发杂志和非邮发杂志。

按杂志的性质分，则可分为学术性期刊、技术性期刊、普及性期刊、教育性期刊、情报性期刊、启蒙性期刊、娱乐性期刊等等。

按表现形式来分，有以文字为主的文字杂志和以图片为主的图画杂志。

训练提高

请你列举出十本最具代表性、影响力和知名度的杂志，完成下表

表6-1　知名杂志

序号	杂志名称	杂志类型	国别	创刊时间	创始人
1	《读者》	文摘杂志，半月刊	中国	1981年1月	甘肃人民出版社

（2）电子杂志起源于20世纪80年代的BBS热潮中。"亡牛的祭奠"（Cult of the Dead Cow）声称于1984年发行了第一部电子杂志，并且持续了20多年之久。但是，这个情况是否属实存在激烈争议。费力克（Phrack）于1985年发行了自己的电子杂志，不同于"亡牛的祭奠"的单篇文章杂志，费力克的电子杂志每期都包含了各种不同类别的文章，更近似于我们的纸质杂志的模式。网络合作小说杂志—《Dargonzine》于1984年在

BITNET的学术网页上制作了自己的电子版本，仍在发行。

"电子杂志"通常指的是完全以计算机技术、电子通讯技术和网络技术为依托而编辑、出版和发行的杂志。它的内容在早期顺理成章地与计算机、通讯和网络等相关。它的出版发行手段既得益于技术，同时也受到当时技术的发展和应用水平的局限。以由美国休斯顿大学图书馆创建于1989年的电子杂志《公共检索计算机系统评论》（Public-Access Computer Systems Review，缩写为PACS Review）为例，其办刊宗旨是对图书馆所有的可以为公众所利用的电子资源，包括联机书目、CD-R0M数据库等进行详细而及时的介绍。其出版于1990年1月的第一期使用的文件格式是ASCII格式，通过"公共检索计算机系统LIST"（PACS-L）发行。由于当时的电子邮件系统无法处理较大的文本文件，稍长的文章都不得不被分割成多个小文件向订阅者发出。

（3）电子杂志在中国的发展

2003年1月，台湾的KURO音乐软件公司"飞行网"尝试着推出了一个以FLASH动画为基础，融入文字、图像、音频和视频的数字化互动杂志《酷乐志》。这种新兴的杂志炫酷精美、内容丰富，十分符合当下年轻人的审美追求，很快便在网络上流行起来。

竞争总是残酷的。谁能想到，帷幕刚刚缓缓掀起，就在人们为开场喝彩的时候，"飞行网"却因为版权问题而悄声退出了历史舞台。主角谢幕离场,它身后留下的，是电子杂志无限光明的未来，和拥有几千万网民、潜力惊人的中国电子杂志舞台。

（4）电子杂志的特点

首先，电子杂志是机读杂志，它可以借助计算机惊人的运算速度和海量存储，极大地提高信息量。

其次，在计算机特有的查询功能的帮助下，它使人们在信息的海洋中快速找寻所需内容成为可能。

再者，电子杂志在内容的表现形式上，是声、图、像并茂，人们不仅可以看到文字、图片，还可以听到各种音效，看到活动的图像。

总之，可以使人们受到多种感官的感受。加上电子杂志中极其方便的电子索引、随机注释，更使得电子杂志具有信息时代的特征。但由于受各种条件的限制，电子杂志在国内尚处于起步阶段，大约于1993年在深圳由海天电子图书公司首次开发成功。

值得一提的是，电子杂志在各种传媒系统（如电视系统）和计算机网络的出现，已经打破了以往的发行、传播形式，也打破了人们传统的时、空观念，它将会更加贴近人们的生活，更加密切人与人之间思想、感情的交流，更好地满足新时代人们对文化生活的更高要求。

任务实施

4.电子杂志设计方案确定

图6-5　电子杂志封面

（请根据提示，补充完整下面的内容）

杂志主题：＿＿＿＿＿＿＿＿＿＿＿＿＿＿＿＿＿＿＿＿＿＿＿＿＿＿＿

杂志内容：＿＿＿＿＿＿＿＿＿＿＿＿＿＿＿＿＿＿＿＿＿＿＿＿＿＿＿

＿＿＿＿＿＿＿＿＿＿＿＿＿＿＿＿＿＿＿＿＿＿＿＿＿＿＿＿＿＿＿＿＿

＿＿＿＿＿＿＿＿＿＿＿＿＿＿＿＿＿＿＿＿＿＿＿＿＿＿＿＿＿＿＿＿＿

杂志目标：＿＿＿＿＿＿＿＿＿＿＿＿＿＿＿＿＿＿＿＿＿＿＿＿＿＿＿

(悠乐生活倡导者、美食娱乐引领者、时尚消费指导者)。

杂志定位：＿＿＿＿＿＿＿＿＿＿＿＿＿＿＿＿＿＿＿＿＿＿＿＿＿＿＿

＿＿＿＿＿＿＿＿＿＿＿＿＿＿＿＿＿＿＿＿＿＿＿＿＿＿＿＿＿＿＿＿＿

目标读者定位：＿＿＿＿＿＿＿＿＿＿＿＿＿＿＿＿＿＿＿＿＿＿＿＿＿

＿＿＿＿＿＿＿＿＿＿＿＿＿＿＿＿＿＿＿＿＿＿＿＿＿＿＿＿＿＿＿＿＿

色彩风格：＿＿＿＿＿＿＿＿＿＿＿＿＿＿＿＿＿＿＿＿＿＿＿＿＿＿＿＿

音乐选择：＿＿＿＿＿＿＿＿＿＿＿＿＿＿＿＿＿＿＿＿＿＿＿＿＿＿＿

（1）杂志名称《魅力西安》

（2）杂志栏目规划，请根据提示完成下表。

表6-3　栏目规划表

	序号	栏目	页数/帧数	内　　　　容	形式
栏目规划	1	风景 （历史文化）			
	2	味道 （饮食娱乐）		重点介绍地道"西安套餐"和"回民街"的小吃。	视频 摄影图片 文字
	3	风情 （风土人情）			

5.根据需要收集素材

（1）教师组织学生，通过互联网，收集相关资料下载备用。

（2）完成素材统计表如下：

表6-4　素材统计表

素材类型	素材名称	数量	获取方式	文件格式

6.元素设计

3.1电子杂志封面制作

设计封面时，可以选择CorelDraw、Photoshop等专业图像软件。前面已经展示过《魅力西安》电子杂志的封面效果图了，我们直接进入设计制作过程：

步骤1：背景制作

（1）Photoshop中新建文件：单击"文件"—"新建"菜单，或者按下【Ctrt+N】组合键，

打开"新建"对话框，在新建对话框中"名称"编辑框中输入文件名称；可设置文件的"宽度"、"高度"，单位一般设置为"像素"，"分辨率"可根据对图像等清晰度的要求进行设置，单位为"像素/英寸"；还可以设置"颜色模式"（一般为：RGB模式）、"背景内容"，其它参数一般保持默认，如图6-6所示。

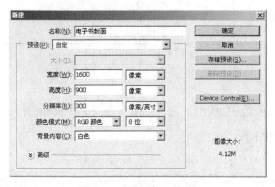

图6-6　新建窗口参数

参数设置好后，单击"确定"按钮,即可创建一个名为"电子书封面"的图像文件，如图6-7所示。

图6-7　操作窗口

（2）打开文件：单击菜单栏中的"文件"—"打开"菜单，或者按才【Ctrl+o】组合键，打开"打开"对话框，在"查找范围"下拉列表中选择素材文件"电子书杂志底

版"，如图6-8所示。

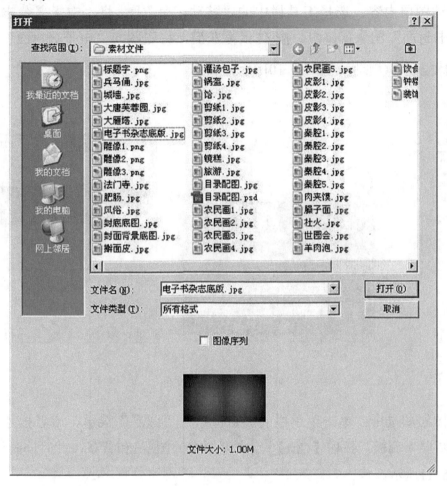

图6-8　打开窗口

单击"打开 [打开(0)] 按钮,打开选中的"电子书杂志底版"图像文件，如图6-9所示。

图6-9　打开图像文件

（3）移动图层内容：选择工具栏中的"移动工具" ▶️ 将"电子书杂志底版"素材移至"电子书封面"图像窗口中，按 住鼠标左键，将底图向"电子书封面"图像窗口拖动，此时光标呈现 形状，如图6-10所示。

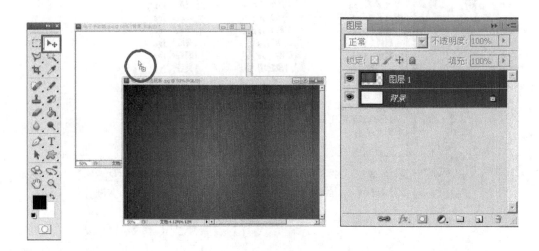

图6-10　移动素材文件

（4）多图层的选中：单击菜单栏的"窗口"—"图层"菜单，或者按才【F7】快捷键，打开"图层"调板，按住【Ctrl】 点击调板中的图层1和背景，此时同时选中了这2个图层，如图6-11所示。

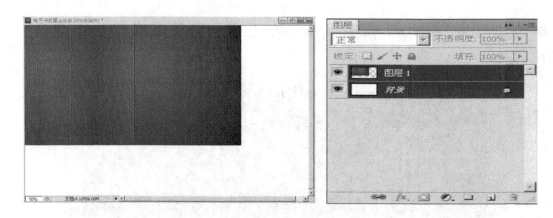

图6-11　选择多个图层

（5）多图层内容的对齐方式：单击菜单栏中的"图层"—"对齐"菜单，分别选择"垂直居中""水平居中"命令，如图6-12所示。

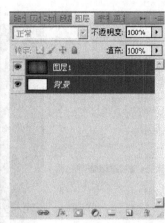

图6-12　图层对齐

（6）拼合图像：单击"图层"调板右上角的小三角，弹出菜单选择"拼合图 像"命令，将"图 层1"和"背景"合并为"背景"图层，如图6-13所示。

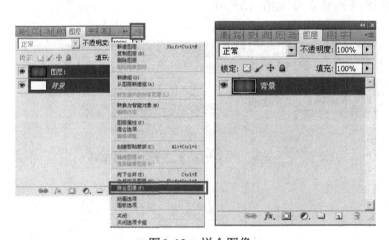

图6-13　拼合图像

（7）标尺的使用：单击菜单栏中的"视图"—"标尺"菜单，或者按才【Ctrl+R】组合键，"电子书封面"图像文件 四周出现标尺,选取工具栏的"移动工具" ，移至标尺中，按住鼠标左键拖动，此时光标呈现 形状，将拖移出的蓝色参考线，拖到标尺的中间，作为杂志的中分线，如图6-14所示。

图6-14　显示标尺和辅助线

（8）图层重命名：在"图层1"图层上单击右键，弹出菜单中选择"图层属性"命令，打开"图层属性"窗口。在"图层属性"窗口中"名称"编辑框中输入"黑色"，并确认。其它参数保持默认，如图6-15所示。

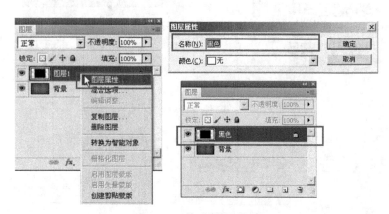

图6-15　修改图层名称

（9）新建图层：点击"电子书封面"文件的图层调板的"创建新图层 ⬜ 按钮,新建一个图层,按照上一步骤 的方法改名为"书页1"。在工具栏中使用"矩形选框工具 ⬚,或者按快捷键"M",按住鼠标左键绘 制出一个比黑色底图略大些的长形的矩形选区,如图6-16所示。

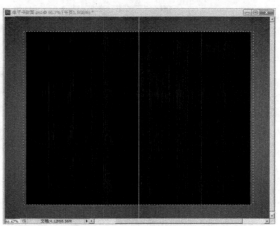

图6-16　给选区增色

（10）前景色和背景色的互换、填充及油漆桶的使用：选择"电子书封面"文件的图层调板的"书页1"图层为当前选择图层,单击工具栏的"前、背景 色"工具的 按钮,切换"前景色"为白色,单击工具栏的"油漆桶"工具，或者按【Alt+Delete】组 合键将画的矩形框填充颜色。见下图。

（11）图层样式的添加：单击菜图层调板下方的"添加图层样式"按钮，弹出的菜单中选择"投影"命令，投影图层样式对话框中各个图像单位：不透明度100%、角度120°、距离5、扩展0、大小5,其它参数保持默认,设置数值和效果如图6-17所示。

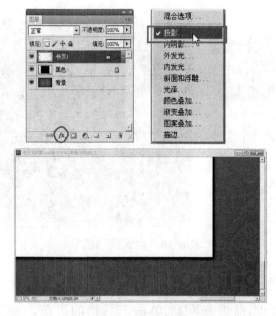

图6-17　添加图层样式

（12）绘制直线： 点击调板的"书页2"图层为当前选择图层。选择工具栏中的"铅笔" ✏ 工具，按住按住【Shift】键，从上往下拖动光标,即画出一条水平直线，依次画出4条直线，最终书页效果如图6-18所示。

图6-18　书页效果

（13）矩形的绘制及通过复制图层内容新建图层：点击调板的"背景"图层为当前选择图层。选择工具栏中"矩形选框工具" ⊡ ，或者按快捷 键"M",按住鼠标左键，以书页为中心往左拖动绘制出一个长形的矩形选区, 见图6-19所示。

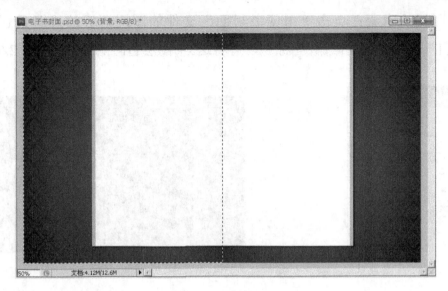

图6-19　新建图层

　　保持刚才的选区框范围不变，点击"菜单"—"图层"—"新建"—"通过拷贝的图层"命令，或者按【Ctrl+J】组合键，将刚才矩形选区范围内的背景元素复制出来，如图6-20所示。

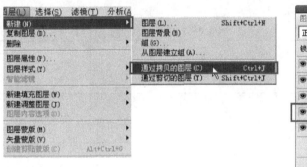

图6-20　拷贝图层

　　（14）图层的移动：点击"图层1"图层按住鼠标左键向上移动到最顶层，此时鼠标变成▩形状，框选出的半部分背景覆盖住白色书页素材。然后将这个图层改名为"背景1"，如图6-21所示。

图6-21　移动图层

（15）图层的隐藏：点击"电子书封面"文件的图层调板的"背景1"、"书页2"、"书页1"图层左侧的眼睛👁标识，可将这3个图层暂时隐藏，如图6-22所示。

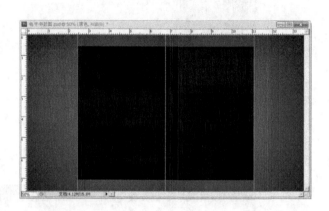

图6-22　隐藏图层

请老师对你制作的作品进行验收（请老师填写表6-5）

表6-5　作品验收单

作品验收单		
姓名＿＿＿＿＿＿＿＿＿＿＿		时　间：　年　月　日
项目名称：		
1	图层个数及是否合格	
2	两个背景层效果	
3	页面1层及页面2层效果	
4	黑色图层效果	
5	整体美观效果	
6	制作过程是否熟练及项目所用时间	
验收结果	操作者自检结果： □合格　□不合格 签名： 　年　月　日	检验员检验结果： □合格　□不合格 签名： 　年　月　日

相关知识

（1）制订制作计划方案

工作计划的作用：在日常工作中，无论是单位还是个人，无论办什么事情，事先都应有个打算和安排。有了工作计划，工作就有了明确的目标和具体的步骤，就可以协调大家的行动，增强工作的主动性，减少盲目性，使工作有条不紊地进行。同时，计划本身又是对工作进度和质量的考核标准，对大家有较强的约束和督促作用。

所以计划对工作既有指导作用，又有推动作用，好的工作计划，是建立正常的工作秩序，提高工作效率的重要前提。

工作计划的具体写法：计划大多以一个单位的工作内容为范围，只在单位内要求执行，所以一般不以文件形式下发，因而除标题和正文外，往往还要在题下或文后标明"×年×月×日制定"字样，以示郑重。

计划的标题也是"四要素"写法，其中哪一个要素都不应省略。

正文写法，由于计划是对一个单位的全面工作或某一项重要工作的具体要求，所以要具体、详细些。一般包括以下几方面内容：

A.开头，或阐述依据，或概述情况，或直述目的，要写得简明扼要；

B.主体，即计划的核心内容，阐述"做什么"（目标、任务）、"做到什么程度"（要求）和"怎样做"（措施办法）三项内容。全面工作计划一般采取"并列式结构"（任务、措施分说）。

C.结尾，或突出重点，或强调有关事项，或提出简短号召，当然也可不写结尾。

小提示：

设计电子杂志之前，需要大量搜集资料和素材，通过主题内容来确定杂志的整体风格。因此，内容编辑也是整个设计过程中的重要环节。在占有大量资料的基础上，我们就可以考虑电子杂志的整体风格设计了。主要包括封面、封底、徽标LOGO、颜色选择等多方面的元素。

步骤2：封面制作

我们已经完成了电子杂志封页的制作，我们的任务已经完成三分之一了，现在我们需要给封页做电子书的封面，封面是一本书的门面，思考一下封面里边包含的内容有哪些？如图6-23所示。

图6-23　封面效果图

封面的包括元素：书名、作者、出版社、背景及能体现书籍特点的图片等。

需要注意的：书名的效果设计一定要考虑到书籍的内容，书籍的类型及书籍的特点。

项目实施制作过程

（1）添加封面图像，如图6-24所示。

图6-24　添加封面图像

（2）创建图层管理组，如图6-25所示。

图6-25　创建图层管理组

（3）添加书名文字（标题文字），将文字变成白色，并调整好大小和位置，如图6-26所示。

图6-26　添加书名文字

（4）给标题文字图层设置图层样式（投影），如图6-27所示。

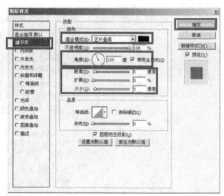

图6-27　设置图层样式参数

（5）绘制黄色矩形装饰图案，如图6-28所示。

图6-28　绘制装饰图案

（6）书写文字：Charm xi'an，如图6-29所示。

图6-29　添加文字

（7）制作白色矩形（羽化半径：7），形成白色反光效果，如图6-30所示。

图6-30　添加白色反光效果

步骤3：按钮制作

电子杂志封页的图片和文字我们已经完成了，现在我们还需要做最关键的部分—按钮，我们有了按钮就可以动态的链接到书的其他页了，加油哦！如图6-31所示。

多媒体作品综合设计

图6-31　添加按钮后效果图

（1）钢笔工具绘制按钮图案：

单击图层调板下方的"创建新图层 按钮,新建一个图层。单击工具栏中的"钢笔工具"， 按下图所示绘制每个图标按钮的线条路径，如图6-32所示。

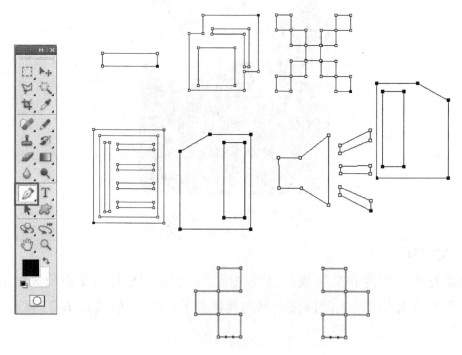

图6-32　绘制按钮图案

（2）文件的图层调板的"创建新图层 按钮,新建九个图层,并分别根据按钮用途依次取名,单击菜单栏中的"窗口"—"路径"命令,打开"路径"调板,如下图所示。单击"路径"调板下方的"将路径作为选取载入"按钮，此时，钢笔绘制出的路径转变为选区，如图6-33所示。

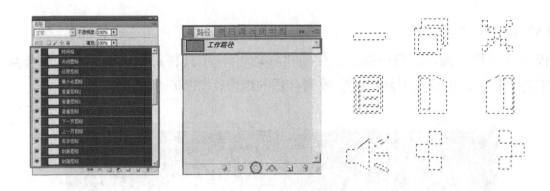

图6-33　路径转变为选区

（3）单击图层调板的"封面图标"图层为当前选择图层，单击工具栏的"油漆桶"工具，或者按【Alt+Delete】组合键所画的按钮线框框填充颜色。此后，每填充一个颜色时，需点击所需的图层为当前选择图层才可以填充色彩。例如"最小化图标"，需要点击"最小化图标"为当前选择图层才可填充，如图6-34所示。

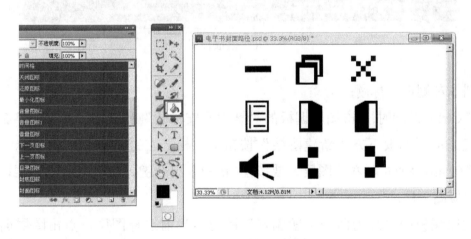

图6-34　给图标上色

（4）在工具栏中使用"横排文字工具，或者按快捷键"T",在文件合适位置上单击鼠标左键确定一个插入点，出现闪烁的光标后，依次输入所需文字，如图6-35所示。

图6-35　制作好的按钮效果

（5）按钮合成：

依次点击每个画好的按钮图层，使用"移动" ▶⊕工具将每个按钮元素移至与其对应的文字的位置上，用移动工具将按钮放到合适的地方，如图6-36所示。

图6-36　摆放按钮

（6）制作左侧页面标题：

按住【Ctrl】键同时,点击图层调板的"魅力西安标题"和"Charm Xi'an" 2个图层，按住鼠标左键拖动至调板下方"新建图层"按钮上，松开左键，复制新的"魅力西安标题副本"和"Charm Xi'an 副本"图层。或按【Ctrl+J】组合键，也可复制出图层，并将位置移至调板的最高一层。

单击图层调板的"魅力西安标题副本"图层为当前选择图层，点击图层调板上方的"锁定透明像素"按钮，将工具栏下方的"前景色"设置为白色，单击"油漆桶" 🪣 工具，或者按【Alt+Delete】组合键将选取出文字填充颜色，如图6-37所示。

图6-37　添加左侧文字效果

将使用"菜单">"编辑">中的"自由变换"工具调整标题字的位置大小，移至位置。

操作技巧—在封面图片的对比上，通过虚实结合的表现手法，突出人物的动感风格。在封面上，包含了杂志的LOGO，专题名称。在颜色选择上，采用了暖色深基调，体现了西安厚重的历史、勃勃的生机。

训练提高

请结合上面所示参考步骤方法，依照你的设计方案和素材，自己设计制作电子杂志封面，并展示所做作品。

自己进行设计，一定有很多体会，请你回答以下问题：

（1）这是我做的最骄傲的事：

_____

_____

_____

_____

（2）这是我该反思的内容：

_____

_____

_____

_____

（3）我需要提高的方面：

_____

_____

_____

_____

3.2电子杂志封底制作参考步骤

图6-38　电子相册封底效果图

步骤提示：

（1）打开"电子书母版"图像文件，如图6-39所示。

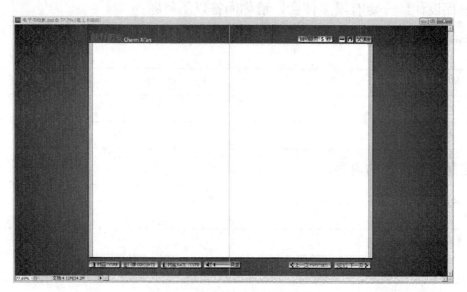

图6-39　打开"电子书母板"

（2）选择范围，如图6-40所示。

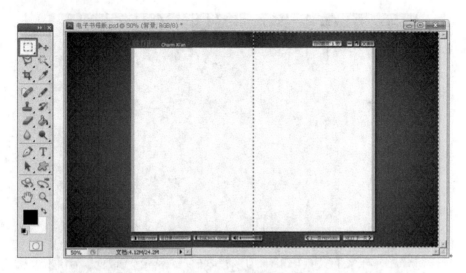

图6-40　选择范围

（3）保留用于制作封底的部分区域，如图6-41所示。

图6-41　封底区域

（4）打开封底素材文件，如图6-42所示。

图6-42　素材图片

（5）调整图片的位置和大小，如图6-43所示。

图6-43　调整图片的位置和大小

（6）放置并调整文字装饰，如图6-44所示。

图6-44 添加文字

（7）制作白色反光区，如图6-45所示。

图6-45 制作白色反光区

封底书籍的颜色与封面遥相呼应，突出其整体风格的一致性。

3.3电子杂志内页制作

封面和封底你已经设计制作完成了，你对软件使用应该熟练很多了吧。下面该设计电子相册的内页了，方法如同封面和封底一样，请你参考效果图和步骤提示，自己来完成它吧。

设计制作的页面越来越多了，你需要按脚本设计的内容，分别保存。

（1）旅游页面制作效果图

图6-46　旅游一级页面效果图

图6-47　旅游一次级连接

图6-48　旅游一连接兵马俑

图6-49　旅游—连接城墙

图6-50　旅游—法门寺

图6-51　旅游—世园会公园

图6-52　旅游—大雁塔

图6-53　旅游—-芙蓉园

图6-54　旅游—钟楼

主要步骤：_____

_____

_____

_____

（2）饮食页面制作效果图

图6-55　饮食一级页面效果图

图6-56　饮食次级页面效果图

主要步骤：_____

_____

_____

（3）风俗页面制作效果图

图6-57　风俗一级页面效果图

图6-58　风俗次级页面效果图

4.电子杂志合成制作

有了电子杂志页面素材，现在你的任务就是当一个导演，把一些角色进行组织、编排，添加音乐、动画和视频。事实上，用Director制作出的电子杂志非常专业、精致、美观，很多知名杂志的电子版都是用Director开发的。

知 识 链 接

电子杂志制作的学习，可登录西安技师学院远程教育平台，下载以下课件学习《电子杂志制作视频教程》（来源于互联网）。

对于Director我们已经不陌生了，在本学材的项目1、项目5都用到了Director。在这个项目中，需要用到更多的Director特效，比如按钮链接、视频播放、音量控制、翻页效果、鼠标放大等。

下面我们只要针对本项目中会设计的到的特效做介绍，同学们要学会举一反三，设计出自己独一无二的电子杂志来。

（1）随机播不同的背景音乐

当画面不变时，如何随机插放几个不同的背景音乐。

有人问如何实现：当画面不变时，如何随机插放几个不同的背景音乐。而且要求上一次放过的背景音乐下一次不能插放，也就是说，同一首音乐不能连续放两次。在这里放上来给初学者们看看吧。

在这里只用了一个帧行为。背景音乐用了三首不同的音乐。

具体程序如下：

```
on exitFrame me
global k
if soundBusy ( 1 ) then
go to the frame
else
j= random ( 3 )
if j=k then
j= random ( 3 )
else
case j of
1:sound( 1 ). play ( member ( "left" ))
```

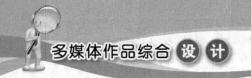

```
member ( 6 ). text = "left"
                    2:sound( 1 ). play ( member ( "right" ))
member ( 6 ). text = "right"
                    3:sound( 1 ). play ( member ( "go" ))
member ( 6 ). text = "go"
end case
              k=j
go to the frame
end if
end if
end
```

程序运行后的画面如图6-59所示。

图6-59　程序运行

演员表中所用的演员，如图6-60所示。

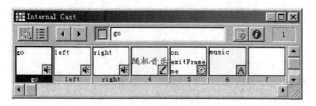

图6-60　演员表窗口

在这里，三个背景音乐我用了完全导入影片的方式，实际应用时，不要用这种方式，应该用链接到外部文件的方式导入它们，因为采用完全导入方式时，背景音乐是要长期占用内存空间的，当背景音乐的容量很大时，会严重影响影片的速度，这是初学者常犯的错误。

（2）用Director制作多状态按钮

在多媒体开发中，好的按钮往往会给创作的作品增色不少。不过，一个专业的多媒

体按钮至少应具有四种状态：松开、按下、滑过和无效。对于这种多状态按钮，Director提供了极其简便的制作工具，以下就是这类按钮的具体制作步骤：

素材的准备

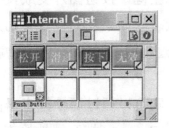

图6-61　素材准备

新建一大小为100×70、背景为透明的文件，利用矩形工具、文字工具和Effect面板下的Inner Bevel特效分别创建按钮的四种状态"松开"、"按下"、"滑过"和"无效"图片。启动Director 8，通过剪切、粘贴的方式把相应的图片内容直接复制到Director的成员表中，如图6-60所示，或者保存为相应的图片文件后，再通过导入（Import）命令导入Director到成员表中。

（1）创建多状态按钮

在Director中，用鼠标左键按住成员表中的"松开"按钮图片，拖动到舞台的合适位置，松开鼠标放下图片。然后通过菜单"Window→Library Palette"命令打开库面板，点击左上角的按钮，在出现的下拉菜单中点击"Controls"选项，打开控制库面板（见图6-62），把鼠标移动到"Push Button"选项左边的小图标上，这时光标变成手形，按下鼠标左键，拖动该图标到舞台上的按钮图片上，松开鼠标，这时会自动打开一个按钮参数设置对话框，从上到下分别表示为：按钮标准状态，鼠标滑过、鼠标按下和按钮无效状态下对应的图片成员；按钮的初始化状态是激活还是无效；按钮响应鼠标事件的方式和在上面产生的Mouseup事件的消息传递方式；最后一个输入框可以输入自己对按钮的说明文字。本实例由于按钮图片正好按照四种状态依次排列在成员表中，因此直接取默认值，点击OK按钮即可。

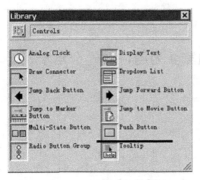

图6-62　多状态按钮

（2）测试按钮效果

我们通过播放电影的方式来测试按钮效果：把鼠标移动到按钮上，这时按钮图片变成滑过状态下的图片，按下鼠标左键，按钮图片变成按下图片，松开后又恢复到滑过状态，鼠标离开按钮则变为松开状态。如果我们设置其初始化状态为无效，按钮将不响应所有鼠标事件。当然，在运行的过程中要激活它则需要编写一定的Lingo代码。

（3）编辑、修改按钮

如果需要修改按钮的状态，则可以通过属性检查器面板重新设置按钮参数，具体方法为：通过Window→Inspector→Property打开属性检查器，点击行为栏（Behavior），打开行为检查器，在这里可以更改刚才设置的参数，通过两个齿轮的按钮或者双击Push Button(Internal)行为打开参数设置对话框，也可以用脚本编辑窗口按钮打开脚本编辑器，自己修改Lingo脚本，直到满意为止。

知识总结

1.自我总结

本次任务中你学到了什么知识和技能：＿＿＿＿＿＿＿＿＿＿＿＿＿＿＿＿＿＿＿＿＿

＿＿＿＿＿＿＿＿＿＿＿＿＿＿＿＿＿＿＿＿＿＿＿＿＿＿＿＿＿＿＿＿＿＿＿＿＿＿＿

你最拿手的是哪方面的技能：＿＿＿＿＿＿＿＿＿＿＿＿＿＿＿＿＿＿＿＿＿＿＿

哪些技能是需要继续练习提高的：＿＿＿＿＿＿＿＿＿＿＿＿＿＿＿＿＿＿＿＿＿

2.本课内容总结

本课主要通过"美丽陕西"电子相册制作过程的学习，让学生掌握多媒体设计制作中Photoshop软件的使用方法和使用技能，学会利用Photoshop处理图片、制作文字效果和制作按钮，并能够掌握Director软件的基本操作。

训练提高

你的家乡美吗？请以美丽家乡为题，做一个电子相册，简单介绍自己的家乡，并展示给大家欣赏。

知识拓展

1.下面列出 Director 所支持的主要媒体类型：

附表1

媒体类型	支持的格式
动画文件和多媒体文件	Flash 动画，动画 GIF ， PowerPoint 幻灯片， Director 电影，Director 外部演员表
图像	BMP, GIF, JPEG, LRG (xRes), Photoshop 的 PSD 文件 , MacPaint, PNG, TIFF, PICT, TGA 等格式。
多图像文件	Windows 系统： FLC ， FLI Macintosh 系统： PICS ， Scrapbook
声音	AIFF ， WAV ， MP3 ， Shockwave Audio, Sun AU
视频文件	DVD ， Windows Media (WMV ， QuickTime ， AVI ， RealMedia
文本	RTF ， HTML ，纯文本文件， Lingo 或者 JavaScript syntax
调色板	PAL, Photoshop CLUT

2.各具特色的电子杂志制作软件

除了专业的Director，在互联网还有很多电子读物制作工具，我们介绍几款电子杂志制作软件，分别是：Zinemaker、PocoMaker、Zcom DIY杂志制作大师、iebook、XPLUS杂志制作工具、VIKA等。（软件评分为笔者主观感受，仅供参考）

ZineMaker：图形界面，上手容易，能把SWF、图片、视音频等部件像搭积木样一样组合起来，有利于团队的分工合作，后期修改起来也十分方便。自带多套精美的FLASH模版、特效模版以及定制模版，动态效果十分丰富。软件采用128位高强度加密技术，能严格保护内页Flash文件不被恶意破解。如图6-63所示。

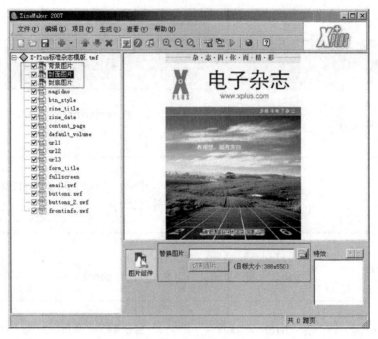

图6-63　ZineMaker界面

PocoMaker：PocoMaker支持模板替换，可生成出千姿百态的电子杂志，不需要任何辅助浏览工具。软件提供了对图层的多选支持，撤销操作和恢复操作，添加多页功能，增加目录模板和循环播放功能。如图6-63所示。

图6-64　PocoMaker界面

ZCOM杂志制作大师：Zcom杂志制作大师与客户端浏览软件各自独立，用户可根据快速体验向导轻松制作杂志，使用简单，操作方便。还可以添加目录页，通过向导面板上的快捷按钮对杂志资源进行重新定义。

　　XPlus麦客："XPlus"软件包含了"大师版"和"精灵版"两个版本。在"大师版"中，只要选择背景音乐、底纹和各种排版方式，再将图片导入到相册中，就可以预览发布了。在"精灵版"中，还可以进行更加个性化、独具专业特色的互动杂志。

　　VIKA唯客："VIKA 唯客"是一个充满创作乐趣的多媒体创作工具，软件提供了美观的操作界面、简洁方便的流程以及丰富的多媒体效果，用户可以通过该软件制作电子杂志、相册、贺卡等多媒体作品，制作完毕即可把作品轻松地发布到VIKA互动平台。

　　iebook超级精灵：iebook是极简单的电子杂志制作软件，软件界面满漂亮，生成杂志时能选择杂志窗口的大小、是否自动翻页等。比较遗憾的是，软件无法一次导入多幅图片，不会自动增页，插入后的图片不能进行页面缩放，也不能调整顺序，做相册时很不方便。但对那些希望快速掌握制作方法的朋友来说，也是一个不错的选择。

参考文献

[1] 王秉宏，卢峰，王苏平. Director MX 2004. 实用教程[M]. 北京：清华大学出版社，2006.

[2] 多媒体作品综合设计[M].北京：中国铁道出版社，2008.

[3] 技能训练教学设计与实施[M]. 北京：中国劳动社会保障出版社，2012.

[4] 蒋永华.电子杂志设计与配色[M]. 北京：中国科学技术出版社，2011.

[5] 周媛.多媒体课件设计与制作基础[M]. 北京：电子工业出版社，2013.

[6] 如何处理数码照片与制作电子相册[M]. 北京：科学普及出版社，2009.

[7] 杨端阳.电脑音乐家[M].北京：清华大学出版社，2013.

[8] 柏松.绘声绘影标准教程[M]. 北京：人民邮电出版社，2012.

[9] 胡国钰.Flash经典课堂—动画、游戏与多媒体制作教程[M].北京：清华大学出版社，2013.

[10]胡娜，徐敏，唐龙.Flash CS5动画设计经典200例[M]. 北京：科学出版社，2011.